美国孩子
最喜欢问的为什么

关于**植物**的
有趣问题

高淑云　编著

北方妇女儿童出版社
·长春·

图书在版编目（ＣＩＰ）数据

关于植物的有趣问题／高淑云编著． -- 长春：北方妇女
儿童出版社，2016.1
（美国孩子最喜欢问的为什么）
ISBN 978-7-5385-9650-2

Ⅰ．①关… Ⅱ．①高… Ⅲ．①植物—少儿读物 Ⅳ.
①Q94-49

中国版本图书馆 CIP 数据核字（2015）第 290497 号

关于**植物**的有趣问题

GUANYU ZHIWU DE YOUQU WENTI

出　版　人　刘　　刚
策　　　划　师晓晖
责任编辑　佟子华　　曲长军
装帧设计　李亚兵
开　　　本　787mm×1092mm　1/16
印　　　张　10
字　　　数　150 千字
印　　　刷　北京盛华达印刷有限公司
版　　　次　2016 年 1 月第 1 版
印　　　次　2016 年 1 月第 1 次印刷

出　　　版　北方妇女儿童出版社
发　　　行　北方妇女儿童出版社
地　　　址　长春市人民大街 4646 号
　　　　　　邮编：130021
电　　　话　编辑部：0431-86037512
　　　　　　发行科：0431-85640624

定　　　价：22.80 元

 前言

　　无论是鲜有人烟的荒漠还是碧蓝广阔的大海，无论是冰川皑皑的两极还是炽热可怕的火山口，处处都有植物的踪影。但你知道吗？在数亿年前的地球上却是什么都没有，植物们经过漫长进化，经受重重筛选和考验，才进化出高低不同的枝茎、形态各异的叶子和千姿百态的花朵来。在这个妙趣横生的植物世界里，有的身材高大，根深叶茂；有的身体微小，游离不定；有的美丽迷人却富含毒性；有的互利共生，相依为命；有的损人利己，杀人不眨眼；有的还能捕捉空中飞来飞去的昆虫。因为有这些神奇有趣的植物们，我们人类才不会孤单，地球才变得生机盎然。

　　每一类植物都有自己的特点。它们可爱、神秘、古怪……吸引着每一个热爱大自然的人们。当我们走进神秘的植物王国，无数个为什么在心中泛起波澜：最早植物是什么时候出现的？植物怎样繁殖后代？光合作用是什么？叶子为什么会变黄？花朵为什么缤纷多彩？

　　为了消除你心中的疑惑，唤起你对植物的好奇心，我们精心挑选了200多个问题，编写了本书。希望这本内容丰富、插图精美的书籍，能让你更加深刻地了解植物、关爱植物。

目录

1 什么是植物?

无论高山平原、江河湖海,还是极地雪原、沙漠戈壁,处处都有植物的身影。植物在自然界中的作用极为重要,它通过光合作用来获取能量,释放出氧气,成为大自然的根本生产者,为地球上的一切生物提供生存所必需的物质。如果没有植物,地球上的动物和人类都会死亡。

◀ 热带雨林中分布丰富的植物种类

2 世界上有多少种植物?

经过科学家们多年的研究搜集和辨认,确定下来的植物一共有40多万种,其中低等植物有10多万种。世界上的大多数植物种类分布在热带地区。地球上的植物经历了漫长而复杂的演化历程。

▶ 绿色植物大部分的能源是经由光合作用从太阳光中得到的

关于分辨植物……

为了方便辨认植物,植物学家们把植物依次分类为门、纲、目、科、属、种。一般可以简单地把植物分为高等植物和低等植物两类。低等植物主要是各种菌类和藻类,高等植物包括苔藓植物、蕨类植物、裸子植物和被子植物。

3 植物是怎么分类的？

按照植物的进化规律,人们把植物分为藻类植物、苔藓植物、蕨类植物、裸子植物和被子植物五大类。其中前三种不结种子,称为孢子植物;后两种靠种子来繁殖,称为种子植物。

藻类植物是一种古老而低等的植物,它们的构造比较简单,没有根、茎、叶的分化。苔藓植物是一类非常低等的植物,它们没有真正的根,也没有花和果实,经由孢子来繁殖,蕨类是较高等的孢子植物,它们不仅有茎和叶,还有真正的根,但它们不开花,不结果,也不会产生种子。

裸子植物是地球上最早以种子来繁殖的植物,但它们的种子是裸露着的,没有被果皮包着,所以被称为"裸子植物"。被子植物是植物界最高级的一类植物,它们具有根、茎、叶、花、果实和种子,而且种子的外面有果皮包着。

▲ 松树是裸子植物,松果是它的种子

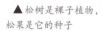

▶ 苔藓

▶ 蕨类植物

猜猜看:我们食用的发菜和地木耳是什么？

4 地球上的植物是什么时候出现的?

在约25亿年前的元古代,地球上出现了最早的植物雏形——蓝藻,蓝藻是最简单最原始的生物,拥有一套特殊的设备——叶绿素和"类囊体"的光合反应器,它能利用广泛存在的水来进行光合作用,并释放出氧气,地球也借此从无氧的大气环境变为了有氧环境。

▲ 蓝藻大量滋生,形成水华现象

之后,真正拥有叶绿体的藻类——绿藻出现了。绿藻的细胞结构与高等植物较相似,因此科学家认为绿藻很可能是现今所有陆生绿色高等植物的祖先。

藻类的生命力很顽强,能存在于几乎任何有水的地方,甚至包括鲸的腹部、雪原和沙漠的土壤中。

不可思议

在亚、非两大洲间有片海域叫红海,原来海里生长着一种红色藻类,当它大量繁殖时,能把蓝色的海水"染"成红色。

▶ 绿藻

海藻

5 生活在海洋里的藻类个头有多大?

现在海洋中已知藻类品种众多,大概有2.3万多种,但它们之间的个头差异极大。最大的海藻叫作昆布,俗称海带,最长可以长到300米左右。而最小的海藻是单细胞的单胞藻,只有5~25毫米大小。

另外海藻在形态上也是千变万化,有管状、丝状、球状、带状等等。

6 为什么海带不开花也能繁殖后代?

海带属于低等植物,与陆地开花植物不同,它依靠孢子繁殖后代。海带叶在长大时会长出许多像口袋一样的孢子囊,囊里藏着许多孢子。海带长大成熟以后,孢子囊会自动破裂,孢子便从里面游出来。这些孢子依靠两条鞭毛在水里四处游动,当它游到海底岩石上后,就会在新的地方居住下来,并长成一株新海带。

苔藓是植物吗?

在植物界的演化进程中,苔藓植物代表着从水生逐渐过渡到陆生的类型。

苔藓植物是一种小型的绿色植物,结构简单,仅包含茎和叶两部分,有时只有扁平的叶状体,没有真正的根和维管束。苔藓植物喜欢阴暗潮湿的环境,一般生长在裸露的石壁上,或潮湿的森林和沼泽地。

在植物当中,苔藓和地衣类植物对空气污染反应最敏感,只要空气中有害气体的浓度超过5‰,苔藓的叶子就会变成黄色或者黑褐色,几十个小时后,有的苔藓植物就会干枯死亡。人们常常将它们看作环境监测仪。

▼附生在树干上的苔藓植物

植物卡片

藻类植物
繁殖方式:孢子
特点:种类繁多,温度影响分布
生长地区:水中和潮湿的土壤等地
相关:硅藻是水生动物的食料

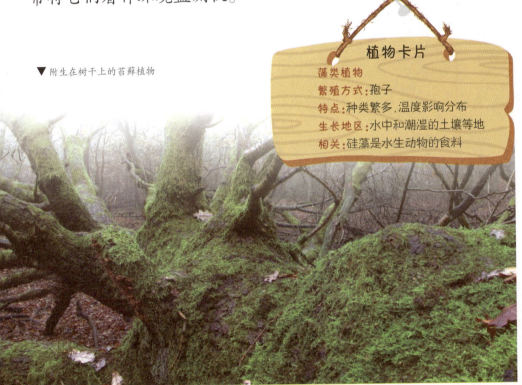

8 蕨类植物是什么时候出现的？

4.3 亿年前的志留纪，绿藻摆脱了水域的束缚。它登上陆地并进化为古蕨类植物，大地首次披上了绿意。

随后的泥盆纪和石炭纪里，北方古大陆的气候变得越来越湿润温暖，陆地上河流、湖泊、沼泽遍布。古蕨类植物就此退出了舞台，石松类、楔叶类、真蕨类和种子蕨类这些植物则做了地球的新主宰。它们生机勃勃地占领了每一处水源，陆地上出现了庞大的森林群落，植物们迎来了大繁盛时期。这些植物大部分灭绝后变成了煤炭，约占我们现在勘测到的煤炭储量的一半以上。

▲古蕨类植物形成的茂密森林

观察煤块

煤炭是远古植物经过复杂变化形成的黑色化石。看看煤块中是否有植物叶和根茎的痕迹，有时还包裹着昆虫化石。

猜猜看：世界上煤炭资源最丰富的国家是哪里？

9 世界上现存最古老的是什么树?

刺桫椤是现存最古老的树。它能长到7至8米,看上去就像一把撑开的大伞,细长的叶片像羽毛一样排列在枝条上。刺桫椤多出现在河谷和溪流边,这种潮湿的环境很适合它生长繁殖。为了保护这种唯一现存的木本蕨类植物,我国在福建专门设立了刺桫椤自然保护区。

▶ 刺桫椤

10 植物的第一颗种子是从哪儿来的?

蕨类植物的孢子原本不分雌雄,但长期进化后,一些蕨类植物产生了雌雄两种孢子。雌孢子总是躲在植物的母体内不出来,为了爱情,雄孢子学会了"飞"的本领。雄孢子在空中到处飘,当它落到雌孢子上并完成受精后,受精卵就形成了。第一颗真正的种子就是这样在世界上出现的。

大多数蕨类植物孢子囊长在叶背面,形成孢子囊群

11 最早的种子植物是什么?

裸子植物靠种子繁殖,是最原始的种子植物。种子在结构上比孢子复杂,加上种皮的保护,抗旱能力强很多。裸子植物在干旱和贫瘠的环境里依然生长得很好,蕨类植物却离不开潮湿陆地。因此在三叠纪后期,裸子植物遍布大陆,成为新霸

观察松果

我们吃到的松子并不是松树的果实,而是它的种子。松子长在小宝塔一样的松果里,一个松果由数个松子构成。

12 裸子植物灭绝了吗?

现代生存的裸子植物有不少种类出现于第三纪,后又经过冰川时期而保留下来,并繁衍至今。

其实人们常见的松、杉、柏、苏铁等树木都属于裸子植物,松杉类的茎质地紧密,而苏铁类的茎质地疏松。裸子植物多为高大乔木,种类只有800多种,虽然是植物界中种类最少的,但它构成了世界上80%的森林。

裸子植物中的云杉是借助风力传播花粉的,它的花粉每秒下降6厘米,虽然不及雨滴下落的速度快,却是各种花粉中下落最快的。

▲现代的裸子植物——松

猜猜看:进化最高级的植物类群是哪类植物?

13 恐龙时代的植物会开花吗?

你知道吗?我们看到的美丽花朵,恐龙也曾看到过。能够开花的被子植物最早出现于白垩纪时期,此后它迅速发展,逐渐代替了裸子植物。被子植物是植物界最高级的一类植物,它们具有根、茎、叶、花、果实和种子,而且种子的外面有果皮包裹着。

被子植物也叫显花植物,它们拥有真正的花。美丽的花是繁殖后代的重要器官,也是被子植物区别于其他植物的显著特征。被子植物有1万多属,约30万种,占植物界的一半。它们形态各异,包括高大的乔木、矮小的灌木及一些草本植物,都用种子繁殖。

▼白垩纪晚期,被子植物已经在陆生植物中居于统治地位了

14 怎样知道树的年龄?

在被锯开的木头上,我们能观察到一圈圈美丽的花纹,那就是树木的年轮。它是怎么产生的呢?

原来,在树干的树皮和木质部之间,有一层分裂能力很强的细胞,叫作形成层。这层细胞能不断分裂出新细胞,树干才会不断长粗。

不可思议

树干剖面的年轮能指示南北方向。因为树干会朝光更充足的方向生长,所以朝向南边的年轮之间距离较大。

春夏时气候温暖,雨量充沛,形成层分裂出的细胞又多又大,形成的木材质地疏松,颜色较浅;秋冬季节,气候变冷,天气较干燥,形成层分裂出的细胞既少又小,形成的木材质地细密,颜色较深。这种深浅不一的木纹通常每年长一圈。冬去春来,年轮一圈圈增加,正好记录了树木的年龄。

————树木的年轮

15 植物有性别吗?

人和动物有性别之分，植物也有雄雌两种，植物的性别通过花里的雄蕊和雌蕊来区分。绝大部分植物都是雌雄同体的，就是一株植物体上既有雄蕊，又有雌蕊。

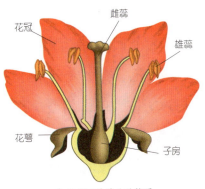

▲ 雌雄同株花朵结构图

花是植物的生殖器官，有两性花和单性花之分。两性花的雌蕊和雄蕊长在同一朵花里，如苹果、桃、李子等。单性花是只有雌蕊或只有雄蕊的花。有些树木的雄花和雌花是长在同一植株上的，雄花长在枝条的根部，而雌花长在顶端，如胡桃、椰子等，称为雌雄同株。其中具有两性花的叫作雌雄同株同花，具有单性花的称为雌雄同株异花。有些树木雄花和雌花分别长在不同的植株上，如杨、柳、月桂等，称为雌雄异株。还有一些植物，单性花和两性花有的同时长在一个植株上，有的又分开生在不同的植株上，被称为杂性花。

还有一种有趣的植物，如印度天南星能改变自己的性别，中等大小的时候印度天南星只有一片叶子，开雄花。大一点的时候它有两片叶子，开雌花。更小的时候它是没有花的，是中性的。印度天南星性变是植物节省能量，生存应变的策略。

▲ 花蕊是一朵花的主要部分

16 植物和动物的根本区别是什么？

这个问题很有趣。

首先，植物是自养型的生物，它们自己生产自己消费，不需要别人提供食物。

其次，植物的细胞有细胞壁，动物细胞则没有。

第三，植物是不会随意移动的，如果不是人为的搬动，它们一辈子都会在同一个地方生长发芽开花结果和死亡。

▲ 植物可以通过光合作用制造养料的

虽然有一些植物会随着水流、风和动物而到处"旅行"，但这些运动都不是它自己可以掌握的。

最后，植物的一生各种器官都在不断增减、重生，叶片和花朵凋零后还能再生，人和动物的器官则不可以。

17 世界上最长寿的树是什么树？

迄今为止，现存的世界上最长寿的树是一株生活在美国加利福尼亚的狐尾松，人们给它起了名字，叫作"玛士撒拉"。因为"玛士撒拉"是《圣经·创世纪》中的人物，传说他享年965岁，是一位非常高寿的人。不过这棵"玛士撒拉"狐尾松比起这位高寿的人来还要年长许多，它今年已经有4700多岁了。

▲ 植物主要通过根部的根毛从外界吸收水分

18 植物的根怎样吸取水分？

植物的生长离不开水，根是植物吸收水分的主要器官。

植物根的尖端长了大量纤细的根毛，这些根毛的细胞壁很薄，适合吸收水分。当根毛的细胞液浓度大于周围土壤浓度时，浓度差就帮助水分从土壤往根毛细胞里面渗透；当浓度差反过来时，植物则会"渴死"。

叶片的蒸腾作用是根从土壤中吸取水分的第二个原因。叶片蒸腾时，细胞里的水分不断从气孔散发到空气中去，因而细胞需要抢夺周围细胞的水分，最终要从茎里吸水。而茎则要从根部抽水，这样，水分就可以源源不断地被抽到叶子里面去。叶子中 90% 以上的水分都被蒸发掉，也促使植物更好地吸水。

根的实验

在中央放进一块含水的棉花，四边种上几粒发芽的黄豆种子。三天后，观察根是否伸向中央，并把棉花围绕起来。

19 为什么植物的根向下生长?

为什么乱七八糟撒在地里的种子总是能"芽朝上、根朝下"地统一生长? 这种现象被称作植物的向地性,与植物的生长素有关。

生长素是调节植物生长快慢的激素,它主要聚集在植物的根部尖端和最嫩的叶芽尖上。重力存在时,芽尖产生的生长激素向下运输,导致根的向下生长;重力不存在时,激素的运输方向亦不确定,导致根生长方向的不确定,而在太空中,由于失重,所以根生长的方向不确定。

在重力的刺激下,植物的根向下生长,同时茎也会往上生长,这样向地或者背地的生长,都叫作向地性。

▲植物根向下生长是由于地心引力的作用

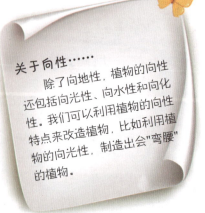

关于向性……
除了向地性,植物的向性还包括向光性、向水性和向化性。我们可以利用植物的向性特点来改造植物,比如利用植物的向光性,制造出会"弯腰"的植物。

猜猜看:根除了褐色,还有其他颜色吗?

20 什么是根系?

大部分植物的根生长在地下，也有一些生长在地上，但无论是地上根还是地下根，都统称为根系。

根是植物的营养器官，通常生长在地下，它们就像无数双脚爪，牢牢地抓住泥土，使植物屹立不倒。植物的根系在土壤中分布具有三大特点：深、广、多。

不同种类的植物根系形态也有差异，可以简单地分为直根系和须根系两种类型。直根系植物有一根明显的主根，主根发育强健，周围又生出许多侧根。大豆、花生、油菜等大部分双子叶植物的根系都属于直根系。

另外一种根系叫作须根系，它由许多不定根组成，这些不定根的长短粗细都差不多，观察时也无法明显地区分出主根和侧根。水稻、小麦、玉米等禾本植物的根系都属于须根系。

▲ 须根系植物

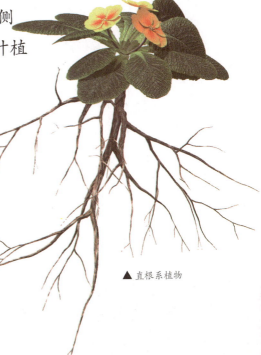

▲ 直根系植物

21 什么植物的根好像乱蓬蓬的胡须？

有些植物的根看上去就像老爷爷乱蓬蓬的胡须，我们把这样的根系叫作须根系。须根由一大簇粗细相似的根组成，没有主根和侧根的区别。

须根多出现于单子叶植物，单子叶植物的主根出生后不久就停止生长或死亡，此时在根基处会生出许多粗细相等的不定根。大麦、小麦、水稻、燕麦、蒜、葱等根系均属须根系。

▲ 须根

22 为什么很多植物的根部长满了"瘤子"？

我们常常在花生、大豆、豌豆、蚕豆、绿豆及苜蓿的根上看到许许多多的"小瘤子"，其实这些小瘤子是与豆类植物共生的根瘤菌的住所。

根瘤菌把氮肥送给大豆，大豆也慷慨地把营养物质送给根瘤菌，它们成了一对互帮互助的好朋友，所以豆类植物不需要施氮肥。而其他植物很难和根瘤菌结成同盟，所以这种"瘤子"是豆类独有的。两种生物相互依存，这种现象在生物学上被称为"共生"。

根瘤菌

23 我们吃的胡萝卜是它的根吗？

胡萝卜又甜又脆，是我们常吃的蔬菜之一。仔细观察胡萝卜，可以看到许多须状的根，那我们吃的胡萝卜还是它的根吗？

其实，通常我们食用的橙色部分是胡萝卜的储藏根。储藏根是由主根逐渐膨大变成的，在其中的细胞内贮藏着大量的营养物质，供胡萝卜越冬和次年生长之用。

▶ 胡萝卜

24 有没有朝上生长的根？

自然界中有种能够向上生长的根，叫攀缘根。攀缘根是一种不定根，通常从藤本植物的茎上长出。攀缘植物利用它攀附在其他物体上，比如常春藤、牵牛花和凌霄等植物，都是用这种细长柔弱的茎来往上爬。

其中常春藤的茎细而长，在茎节的附近能生出一丛丛的不定根。这种根在幼嫩时能分泌一种胶状物，并借此黏附在墙壁上。

植物卡片

常春藤
类别：多年常绿攀缘灌木
特点：枝叶繁茂、形态优美等
花语：爱情、永不分离
相关：美国八所高校常春藤联盟

25 为什么一棵榕树就能成林?

榕树是一种喜欢高温多雨、空气湿度大的常绿阔叶乔木,它遍布于低海拔的热带雨林中和沿海海岸及三角洲等地区。

我们常常看到榕树的枝条上生出垂直的树干插入泥土中,其实那是它的气生根。气生根可以像正常的根一样,吸收土壤里的水分和无机盐。当一棵榕树有着多条这样粗壮的支柱根竖立在树冠下时,就形成了"独木成林"的奇妙景观。

▼ 榕树

在热带和亚热带地区,随处可以见到小鸟播种的小榕树。小鸟很喜欢吃甜甜的榕树果实,榕树坚硬不能消化的种子随着鸟粪到处散播。

26 植物的茎有什么用?

茎是植物的传输系统,能把根所吸收的物质和光合作用的产物输送到植物体的各个部分。它又像人体内的骨架,支撑植物的叶、花、果实向四面空间伸展,并抵御风霜雨雪。根据茎的生长习性和生长方向不同,可以分为直立茎、缠绕茎、攀缘茎和匍匐茎这四种。

◀ 爬山虎的茎是攀缘茎

猜猜看:哪些植物的茎或者茎皮可以作为药材?

27 草莓为什么趴在地面上生长?

走进草莓种植园时你会发现,草莓都是把叶子平铺在地上,就连鲜艳的草莓也是躺在地面上的。

原来草莓的茎细长柔弱,茎中木质纤维比较少,不能很好地直立,所以它便沿地面生长,用这种方法来扩大接受光照的面积。我们把草莓这种长且平卧地面的茎叫作"匍匐茎"。

▶草莓

匍匐茎的植物有一个特点,只要我们取一段带叶子的茎插在土里,就能长成新的植株。所以草莓茎在爬行的过程中会不断长出新的根,扎入土壤中,成为一株新草莓。

草莓成片出现是由匍匐茎的繁殖特点决定的,红薯也是这样繁殖的。

关于板状根

板状根是很多热带雨林植物的支柱。它们从树干底部生出,斜向入土,慢慢长成像木板似的根部,能增强支持地上树干部分,使十多米高的树木站立得更稳。

28 牵牛花的茎为什么不是直立的?

如果在牵牛花的旁边插个竹竿,牵牛花便能缠绕竹竿爬到很高的地方,这是为什么呢?

牵牛花的茎叫作缠绕茎。和牵牛花一样缠绕生长的植物还有菜豆、紫藤等植物,仔细观察它们的茎,我们会发现这些茎的共同点是比较柔软,很难直立,这促使它们选择螺旋状缠绕生长,比如牵牛花的茎,它总是一圈圈地缠绕着树干或者竹竿向上爬,如果失去了支撑物,便不能生长。

▲马兜铃

有趣的是,缠绕茎不是随意向上生长的,而是有一定规律的。缠绕的方向向左旋(逆时针方向),如打碗花、马兜铃、菜豆;缠绕的方向向右旋(顺时针方向),如扁豆、忍冬;缠绕的方向可左可右,叫作中性缠绕茎,例如何首乌。

▼牵牛花

▲ 爬山虎

29 爬山虎为什么能爬高？

植物为了获得更大的生存空间，以便能得到更多的阳光及其他资源，都有一套本领。有的茎内木质纤维发达，能直立往上生长；有的茎幼时较柔软，能缠绕于其他物体上使枝叶升高；有的茎细长柔弱，它既不缠，也不攀，而是沿着地面匍匐生长。

▲ 爬山虎的卷须

可是爬山虎却可以牢牢吸在墙壁上，因为它的卷须顶端有圆而凹的吸盘，吸盘边缘可分泌黏液；当吸盘接触到墙壁时，黏液就会将吸盘密封起来，形成内外压力差后紧紧地吸住墙壁和树干，靠着很多的吸盘，整个植物体便能"飞檐走壁"，几年时间便长满墙壁了。

不可思议

在没有攀附物时，爬山虎的茎叶铺盖地下，宛如锦被，故又称地锦。此外，爬山虎在秋天会变成红色，十分好看。

30 土豆的果实是根还是茎？

土豆又叫马铃薯，是我们都很喜欢吃的一种食物。虽然长在地下，但土豆不是植物的根，而是一种变形了的茎，叫作块茎。

由于长期生活在地下，土豆失去茎干本身的绿色。由于内部形成层环有许多分裂的大细胞，土豆块茎变得末端膨大，充并满了从地上部分运来的淀粉。

土豆的块茎上有许多凹陷的芽眼，可以发芽，芽眼上能长出小枝，小枝还能向下长出不定根，这些都是茎才具有的特点。

▲ 土豆的块茎

31 洋葱头的"衣服"是什么？

蔬菜里面，穿"衣服"最多的就是洋葱。洋葱头其实是洋葱的地下鳞茎，它的最外层是又薄又干燥的鳞片叶，里边是厚厚的充满了汁液与糖分的肉质营养鳞片叶。把这些鳞片叶都剥去，就剩下了一个小小的扁球形鳞片盘，这就是鳞片叶着生的部位。

洋葱原来生活在沙漠中，为了生存，它把鳞叶一层一层叠在身上形成鳞茎，这样，水和养分就可以乖乖地保存在体内了。

▲ 洋葱剖面

猜猜看：洋葱是什么时候从哪里传入我国的？

32 为什么有些植物的茎中间是空的?

作为重要的运输通道,一些植物进化出了空心的茎。空心茎的优势是使植株不易折断或倒伏,比实心茎更有利于它们的生存。如水稻、小麦、芦苇和芹菜等植物都拥有空心茎,最初这些植物也和其他的植物一样是实心的,但在长期的进化过程中,它们自发地进化,茎渐渐变成空心的。

空心茎可分为两大情况:第一种是水生植物,由于根部泡在水里,中空的茎可以帮助吸收更多的氧气,用于光合作用;第二种则是茎表面光滑、干硬的植物,例如竹子,由于茎表面存在的气孔很少,中空的茎也可以帮助植物吸收更多的氧气。

关于空心茎……

植物选择空心茎的构造后,就可用更多的养料建造韧皮组织和导管部分,让它们更加坚固。例如竹子长得又细又高,很容易折断,但是由于它的茎变成了空心,这样的"O"字形结构能支撑较大的力量,使身体更加坚实挺直,所以竹子虽然细高,却不易折断。

竹的茎中空有节,被认为是虚心、有气节的象征

33 荷花的茎在哪里？

自然界中大部分的茎都长在地表，所以许多人都误把荷花直立水面的叶柄和花梗叫茎，而管横卧在淤泥中不肯抛头露面的茎叫根。其实我们通常食用的莲藕才是荷花的茎，这种长在淤泥里的茎叫作地下茎。为了适应水下生活，莲藕长出有许多大小不等的孔，并与叶的气孔相通。因此，深埋在污泥中的藕，能自由地通过叶面呼吸新鲜空气而正常地生活。

▲ 荷花的茎——莲藕

34 叶子为什么是绿色的？

叶子的颜色是由细胞内所含的色素决定的。叶子中的色素种类很多，数量最多的是叶绿素。植物生长所需要的光合作用依赖于叶绿素吸收的阳光，所以植物会大量制造叶绿素以满足自身生长发育的需要。叶绿素多了，自然会掩盖其他色素，使叶子呈现出绿色。

不可思议

随着秋天水分的减少，树叶也会越来越干，植物准备开始过冬，输送给树叶的水分越来越少，叶子变干，最后脱落。

35 有红色的叶子吗?

观赏树木中有一种全年叶子都是红色的树木叫作红枫。红枫是一种非常美丽的观叶树种，其叶形优美,红色鲜艳持久,枝序整齐,树姿美观。广泛用于园林绿地及庭院做观赏树。

常见的还有红叶树,红叶树深秋满树通红,艳丽无比,北京著名的西郊香山红叶即为本种,是北方秋季重要的观叶树种,常植于山坡上或常绿树丛前。

▲ 枫叶

36 秋天树叶为什么会变黄?

树叶之所以是绿色,是因为叶子中有大量的叶绿素。除了有叶绿素外,叶片中还含有黄色、橙色以及红色等其他一些色素,但数量很少。到了秋天,树木不再像春天和夏天那样制造大量的叶绿素,并且已有的色素,也会逐渐分解。这样,随着叶绿素含量的逐渐减少,红色素、黄色素便露了出来,使树林变得一片金黄或一片火红,十分好看。最后叶子中的色素全部被分解,就变成了木褐色了。

▶ 秋季的银杏叶

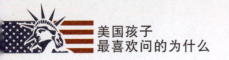
37 为什么植物的叶子不大相同？

各种植物的遗传特征不同，长出来的叶子也不尽相同，长有针形叶子的松树当然不能生出像扇子一样的银杏树叶。植物生长环境的不同，也决定了它们叶子的不同形状。干旱的地方叶子都比较小，防止水分蒸发；而炎热湿润地区的植物叶子比较阔大，是为了散发热量，避免阳光灼伤。

即使是同一棵植物，叶子也不会完全一样。叶子生成时所需的二氧化碳数量和处理阳光的快慢，都会影响叶脉的密度和叶脉之间的距离。

▲ 各种树叶

38 叶子为什么是扁平的？

树叶有许多不同的形状，可是大多数的叶子都是扁平的。

我们都知道叶子是植物进行光合作用的主要器官，植物利用光能来制造养料。所以植物要尽量加大叶子的受光面积。在重量相同的时候，扁平的片状物有最大的受光面积，所以植物很聪明地把叶子变成了扁平的形状。

当然，在许多干旱地区生长的植物，为了更好地储存水分，它们也把叶子长成针状等柱状形。

◀ 常见的扁平状的树叶

26

39 落叶为什么"背朝天"？

秋天到了，树叶纷纷从枝头落下来。它们一边翻着跟头，一边往下落，落到地面上时，总是叶面朝地，叶子背面朝天。这是为什么呢？

物体向下落的时候，总是重的一头朝下，轻的一头朝上，落叶也不例外。叶子正面的叶绿素含量比背面多，通过叶绿素制造的养分物质也比较多，叶面的细胞排列紧密，就相对显得重；叶背的细胞排列比较疏松，就相对轻了。叶子的正面比背面要重一些，所以落地时总是背部朝天。

制作叶脉书签

将叶子放入石灰水或者 10%浓度的氢氧化钠溶液中煮沸，叶肉被煮烂时，刷去残余叶肉，清水洗净并晾干。

▼ 在下落中，因为一片树叶"背"与"面"不同的比重而使得落叶大多数是正面着地，背面向上的

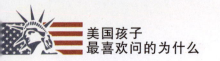

40 植物中谁的叶子最大?

荷叶像一顶大草帽一样,算是大叶子了。可是比起亚马孙河里的王莲叶子来,可就小多了。王莲叶直径有 2 米多,叶子的边缘向上卷,浮在水面上像个大平底锅。在叶子中间站上一个 35 千克的孩子,它还能像小船一样浮着;即使是在叶面上均匀地平铺一层 75 千克的黄沙,这个"大平底锅"也不会沉下去。

不过,在陆生植物中还有比王莲更大的叶子。生长在智利森林里的大根乃拉草,它的一片叶子能把三个并排骑马的人连人带马都遮盖住。这么大的叶子,要是人们去野营的话,有两片就可以盖一个四人住的帐篷了。

▼ 王莲叶子

猜猜看:文竹可以长多高?

41 文竹的叶子长在哪里?

文竹其实并不是竹,只因为它常年翠绿,枝干有像竹一样的节,而且姿态文雅潇洒,所以被称为"文竹"。很多人都以为文竹那密密的像细针一样的就是它的叶子,实际上那是文竹的茎枝。文竹的分枝郁郁葱葱、细嫩碧绿而又错落有致,变成了叶子的形状,所以,人们常常将文竹的枝认为是叶。那么,文竹的叶子又长在哪里呢?

▲ 文竹

其实,文竹真正的叶子已经退化成细小的白色鳞片了。鳞片只有芝麻大小,隐藏在细枝丛中,而有的主茎上的叶已经变成了白色的尖刺,不容易被人发现。

不可思议

除了文竹,还有武竹。武竹又叫天门冬,在一百多年前,从非洲南部来到了中国。虽然叫作"竹",其实是藤本植物。

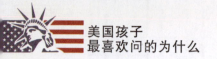
42 玉兰树是先开花后长叶吗?

春天来了,玉兰花开了,为什么叶子却还没有踪影呢?

一般在上一年秋天,植物就长出了花芽、叶芽,花芽和叶芽的生长需要不同的温度。有些对温度的要求差不多,花和叶就差不多同时开放;有些则需要较高的温度才能开花,所以会在长出叶子后开花。而玉兰、迎春这类植物,花芽生长的温度较低,叶芽较高,因此会在长叶之前先开花。

▲ 玉兰

43 植物为什么要开花?

很多植物都能长出美丽的花朵,这些花朵都是植物用来产生种子起繁衍后代作用的性器官。大部分花朵有雄性和雌性之分。也有的花朵雌雄在同一朵花里。

花朵的主要功能是吸引昆虫来采蜜。在采蜜时,昆虫必须爬过花药,因此全身会沾满花粉。花粉就会在各个花朵中传播开来。当雌性的花朵接受到花粉时,它就能慢慢长出种子啦。

◀ 雌雄同株的花朵

猜猜看:什么植物能够常年开花?

44 为什么植物在不同的季节开花？

大多数植物的花在春天开,而有的植物却在其他季节开花,这是为什么呢？原来,花卉的原产地各不相同,光照、温度、湿度、气压有所不同,为适应环境的变化,不同的植物根据自己的特点,就选择不同的季节开花。如荷花在炎热的夏季开花,菊花在凉爽的秋季开花,腊梅则开在寒冷的冬季。

关于白玉兰……

白玉兰的花朵洁白、美丽且清香,早春开花时,远远望去,犹如雪涛云海,蔚为壮观.玉兰花对二氧化硫、氯等有毒气体抵抗力较强,可以在大气污染较严重的地区栽培。此外,它还是上海市的市花.

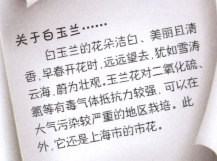

▶ 开在四季的不同花朵

45 为什么牵牛花只在早上开放?

▲ 牵牛花

　　牵牛花一定要在清晨开,葫芦和夜来香的花一定要在晚上开,另外还有许多种花也在特定的时间开放。

　　因为牵牛花的花瓣很娇嫩,一到中午阳光火辣辣的,空气干燥,气温升高,牵牛花花瓣很薄,缺少水分,很快就被阳光晒干了。另外,牵牛花属于虫媒花,它需要蜜蜂、蝴蝶来传粉,蜜蜂和蝴蝶习惯在早晨拜访牵牛花,牵牛花也就应时而开了。

46 为什么昙花的花期很短?

　　人们常用"昙花一现"来形容美好的事物出现的时间很短,因为昙花大多在夜里开花,而且花期很短,几个小时后就逐渐枯萎凋谢了。

　　昙花原产于中南美洲的热带沙漠地区,那里气候特别干燥,白天气温非常高,娇嫩的昙花只有在晚上开放才能避免被白天强烈的阳光灼伤。另外,昙花属于虫媒花,沙漠地区晚上八九点钟正是昆虫活动频繁的时候,此时开花最有利于授粉。这种特殊的开花方式使昙花能在沙漠中生存。现在,昙花即使来到别的地方生活,也仍然保留着夜晚短暂开花的习性。

猜猜看:牵牛花还有什么名字?

47 花儿为什么有香味?

一提到花儿,人们的脑海中自然就会浮现出"芬芳""清幽"这样的字眼。的确,鲜花盛开的时候,散发出阵阵迷人的芳香,让人心旷神怡。那么,这些香味是从哪里来的呢?

花儿发出香味,是因为鲜花之中有一个制造香味的工厂,叫作油细胞。油细胞会生产出带有香味的芳香油,芳香油在通常的温度下能够随着水分而挥发,散出诱人的香气。在阳光的照射下,芳香油挥发得更快,所以花儿的香味就更浓了。

花儿的香味能吸引很多昆虫帮助它传粉,我们常见的蜜蜂和蝴蝶都是跟着香味来寻找花儿呢。当它们从一朵花飞向另一朵花的时候,就顺路把花粉也捎过去啦。

▼ 花香令人心旷神怡

不可思议
中美洲的森林里有一种花叫天鹅花。虽然名字很好听,但它实际上像癞蛤蟆一样脏,还有腐烂烟草那样的臭味。

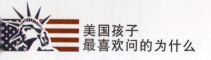

48 花为什么五颜六色?

▲ 五颜六色的花

植物的进化和昆虫的进化是分不开的。开始时,植物依靠风的力量繁殖下一代, 风可以把它们的孢子吹到各处,进行繁殖。但是,风是反复无常的,用风来繁殖,似乎太冒险了。所以,在一亿多年前,植物进化出了花,同时昆虫也很快从以孢子为食进化到以花粉为食,并且在食用花粉的同时,无意间为植物传播了花粉,让它受精、繁殖。

不过,这样的方式也存在着很大的随机性。所以,花又进化出了花蜜,来吸引昆虫食用花粉,接下来,五颜六色的花朵出现了,它们是在为花蜜做广告。这样,鲜艳的颜色

可以吸引昆虫前来帮助它们繁殖下一代。

关于香气……

芳香植物是具有香气和可供提取芳香油的植物的总称,常见的芳香植物有薰衣草、迷迭香、薄荷、丁香和玫瑰等。人们发现芳香植物对某些疾病有治疗效果,如茉莉、桂花的芳香能抑制结核菌;丁香和檀香可以辅助治疗结核病;薄荷的芳香则能减缓感冒的初期症状等。

49 为什么色彩艳丽的花通常没有香味？

对于植物来说，开花的目的很单纯，就是为了结果。然而要结果就需要昆虫来帮忙传播花粉，所以色彩和气味都是植物引诱昆虫的手段。

许多昆虫单凭着颜色就能准确地识别出适合它采蜜的花朵，至于花儿发出什么气味，对它们来说无关紧要。另一些昆虫，由于本身的生理结构，对花的颜色"熟视无睹"，但对于花朵散发出来的气味，反应则非常灵敏。因此，颜色艳丽和香气扑鼻，花儿只要

▼花朵散发的气味引来蝴蝶帮助自己传授花粉

拥有其中的一项，就可以吸引昆虫，完成传粉的需要。

50 有没有黑色的花?

大自然里似乎很少见到黑色的花儿,是因为它们被人类采绝了吗? 当然不是。

自然界七色光的波长各不相同,频率和所含热量也不相同。红、橙、黄色的花能够反射含热量多的红、橙、黄色波,这样花朵不易受到阳光的伤害。如果是黑色的花,它无法反射任何光,而要将七色光全部吸收进去,热量太高,那么它更容易在阳光的照耀下枯萎。

51 为什么夜来香在夜里发出香味?

太阳一晒,花瓣内的挥发油更容易挥发出来,花儿闻着也就特别香。夜来香偏偏不是这样,白天它只有很淡的香气,到了夜间香气反而更浓了。这是为什么呢?

夜来香花瓣上散发香味的气孔有个奇怪的毛病:一旦空气的湿度大,它就张得大。夜间的空气湿润,气孔就张大,散发出更多的芳香油,香气就会特别浓。

◀ 夜来香

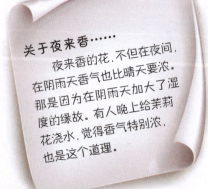

关于夜来香……
夜来香的花,不但在夜间,在阴雨天香气也比晴天要浓。那是因为在阴雨天加大了湿度的缘故。有人晚上给茉莉花浇水,觉得香气特别浓,也是这个道理。

52 花的寿命有多长?

植物的寿命有长短,花的寿命也不相同。人们总说"昙花一现",昙花的寿命确实很短,只有短暂的几小时就凋谢了。可是小麦的花比昙花的寿命还要短,只 5 分钟就凋谢了,最长也不过半个小时。

花中的老寿星,要数热带的一种兰花,可以盛开 80 天左右。鹤望兰可以开 40 天左右,蟹爪花能开 20 天左右,丁香、迎春、山桃等,每朵花开 10 天左右,而我国著名的牡丹花,花期不过几天。

花的寿命长短,除了受植物本身的遗传因素影响外,受环境和气候的影响也很大。一般来讲,花期是可以改变的,如果在植物开花时适当降低温度,可以延长开花的时间。

▶ 昙花

53 世界上最大的花是什么?

在苏门答腊的热带森林里,有一种寄生植物,叫作大王花,一般寄生在葡萄科乌蔹莓属植物的根上。它很特别,没有茎,也没有叶,一生只开一朵花,可这一朵花却开得轰轰烈烈,最大的直径达 1.4 米,普通的也有 1 米左右,可算是世界上最大的花了。

这种世界上最大的花虽然美艳动人,但习性特别。开花的时候它会散发出很浓重的恶臭味,这种臭味正好招来一群群和它"臭味相投"的苍蝇在花里进进出出,为它传粉。

▲ 大王花

54 为什么说马蹄莲的花不是花?

深秋季节,人们常能在鲜花店里见到漂亮的马蹄莲。马蹄莲的"花"大而洁白、淡而高雅,深受人们的喜爱。

然而这"花"并不是真正的花。在通常被人们误认为是黄色花蕊结构的肉质小柱上,排列着许多极小的花,这才是真正的马蹄莲花。包裹在花序外面的漏斗状白色大苞片,称为"佛焰苞",它色彩鲜明,非常引人注目,容易被误认为是"花"。而马蹄莲真正的花,反而被人们忽视了。

▲ 马蹄莲

猜猜看:我国曾提议哪些花做国花?

55 无花果真的没有花吗?

人们平时看不到无花果的花，是因为它并不想展示自己的芳容。无花果的花开在表皮内，它有一个叫作"囊托"的肉质而有空洞的组织，那怕羞的小花就生长在其中。像无花果这样具有花开在内这种特性的植物，就属于隐花植物。

> **不可思议**
>
> 在稻田里有一种无根萍。它没有根和叶，花的直径只有缝衣针的针尖大，可以算得上是世界上最小的花了。

56 为什么称牡丹为"花中之王"?

传说武则天登基后，冬天突然想看百花争艳的场景，于是下了一道命令，让所有的花一齐绽放，结果其他的花都开了，唯独牡丹不被其威力所逼迫，没有开花，后人为了赞誉牡丹，称其为花中之王。

这当然只是一个传说，不过在百花齐放的春天，牡丹花冠绝群芳，确实是一道靓丽的风景线。牡丹不仅花朵美丽，根也是一味很好的药材，真不愧为"花中之王"。

▶ 牡丹

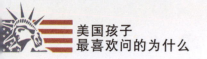

57 植物可以给自己传播花粉吗?

植物的花粉产自雄蕊末端的花药中。一般雄蕊成熟较早,等到雌蕊成长到可以接受花粉时,同一朵花上的雄蕊的花粉已经散尽,这时蜜蜂从别处带来的花粉就会派上用场。

▲ 小麦

有些植物也会自己来传粉。雄蕊上的花粉成熟后,会自动落在同一朵花的雌蕊上面,这种传粉方式叫自花传粉,如大豆、小麦就是用这种方式传粉的。而有些植物的雄蕊和雌蕊不长在同一朵花内,无法进行独立传粉,因此只能借助外界的力量,才能把这朵花的花粉传送到另一朵花上,这就叫异花传粉。

58 花儿为什么喜欢蜜蜂和蝴蝶?

花儿喜欢蜜蜂和蝴蝶,是因为需要昆虫来传播花粉。大部分植物依靠蜜蜂、蝴蝶等昆虫来传播花粉,这样的花被称为"虫媒花"。虫媒花用产生的花蜜吸引蜜蜂等昆虫前来采蜜。在采花蜜的时候,花粉先沾到昆虫身上,再转移到另一朵的雌蕊柱头上,就完成了传播。有些植物还会依靠蝙蝠和鸟类传粉,甚至有植物另辟蹊径,选择苍蝇来传播花粉。

▶ 蜜蜂帮助
花儿传播花粉

猜猜看:蒲公英是什么花?

59 为什么玉米会长"胡须"?

玉米之所以会长"胡须",是因为玉米的雌花和雄花不长在一起。玉米顶端的那些穗子,就是雄花,能散发出花粉。而那些长长的胡须,则是玉米雌花里面细长的花柱。只有超越玉米外面紧包的、和叶片一样的大苞片,才有机会接受到花粉,授粉后才能在玉米棒上结出一粒粒饱满的玉米来。受精后的每朵小花都会成为一颗玉米粒,而花就成了我们见到的胡须。

关于花粉过敏……

阳春三月,春暖花开,正是各种植物授粉的季节,人们也最容易患上花粉过敏症。花粉过敏会引起人们打喷嚏、流鼻涕、浑身发痒,并可能伴有呼吸困难或荨麻疹、湿疹等症。

▶ 玉米的胡须其实是玉米的花丝,也是玉米雌花的一部分

60 为什么说"毛毛虫"是杨树的花？

▶ 杨絮

春天，杨树上总是挂着许多像毛毛虫一样的东西，有的还会掉在地上。其实它并不是虫子，而是杨树的花。杨树的花分两种：一种是雄花，由许多小花组成，往往很早就脱落了；一种是雌花，呈串状，可以播撒种子，也就是人们看到的"毛毛虫"。

每年秋天，杨树的叶子变黄落下时，树上就会长出许多小芽。这些小芽外面有好几层毛茸茸的鳞叶包着，春天一来，就钻出来长成一串，长成了"毛毛虫"。

61 为什么植物的果实甘甜多汁？

比较甜和鲜艳的果子被动物采摘的概率更高，很多动物在饱餐香甜的果实之后，会不自觉地将植物的种子排泄到更加广泛的地方，从而扩大了植物的分布。不甜的就逐渐被淘汰绝种了，这是无意间自然选择的结果。

▲ 色泽鲜艳、果肉甘美的果实，容易吸引动物们采食，达到植物传播种子的目的

猜猜看：果肉由中果皮发育来的水果还有哪些？

62 为什么植物的果实各不相同?

植物的果实外形各不相同,是因为要吸引采摘的动物不同,例如当周围的鸟类多的时候,小型浆果更利于吸引鸟类的采食。但果实的构造都是一样的。果实是被子植物的花经过传粉、受精后,由雌蕊或花的其他部分参加而形成的具有果皮及种子的器官,都具有果皮及种子等构造。

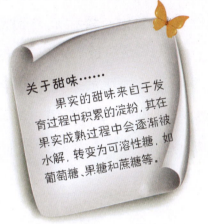

关于甜味······
果实的甜味来自于发育过程中积累的淀粉,其在果实成熟过程中会逐渐被水解,转变为可溶性糖,如葡萄糖、果糖和蔗糖等。

63 人们食用的是桃子的哪个部分?

我们知道果实是由被子植物的雌蕊经过传粉受精,然后由子房或花的其他部分(如花托、花萼等)参与发育而成的器官。果实一般包括果皮和种子两部分,其中,果皮又可分为外果皮、中果皮和内果皮,由子房壁发育而来。一般内果皮会石化成硬壳,包覆着种子形成桃核;外果皮则变成外边那层毛扎扎的薄皮;而中果皮则肉质化成了肥美多汁的桃子肉。

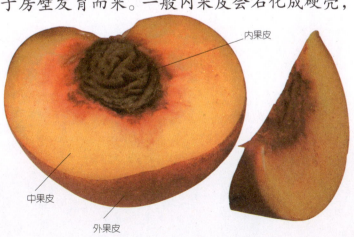

内果皮

中果皮

外果皮

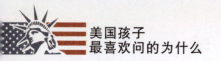
64 樱桃是樱花的果实吗？

樱花和樱桃不是同一种树，樱花不是樱桃的花，樱桃也不是樱花的果实。樱桃属于蔷薇科落叶乔木果树。樱桃成熟时颜色鲜红，玲珑剔透，味美形娇，营养丰富。樱花的果实又黑又小苦涩，而樱桃果实相对更红更大，是受人们喜爱的水果。

▲ 樱桃

65 果实成熟后为什么会自己掉下来？

植物果实成熟后，如果不及时采摘，大都会自行脱落，这并不是因为果柄太细，不堪果实的重负，而是因为果实必须落到地上，才能发芽生根，长出新的果树来。为了繁殖后代，当果实成熟时，果柄上的细胞就开始衰老，在果柄与树枝相连的地方形成一层所谓"离层"。离层如一道屏障，隔断果树对果实的营养供应。这样，由于地心的吸引力，果实纷纷落地。

关于"瓜熟蒂落"……

蒂是指花或瓜果根茎相连的部分。当果实成熟时，营养已被果实完全吸收，根茎就不能再疏导营养成分了。这时候，蒂的组织细胞开始坏死，细胞壁破裂。然后就与根茎分离，由于受到重力的影响，果实就掉下来了。

▲ 花生植株

66 为什么花生的果实结在地下?

地上开花地下结果是花生所固有的一种遗传特性,也是对特殊环境长期适应的结果。花生结果时喜黑暗、湿润的生态环境。花生把果实深埋地下,防止动物偷食,也利于第二年更好的萌发。因而,为了生存和传种,它只有把子房伸入土壤中去结果实。

花生开花授粉后,从枯萎的花管内长出一根果针,果针迅速地纵向生长。几天后,子房柄下垂于地面。当果针入土后达5～6厘米时,子房开始横卧,肥大变白,体表长出茸毛,可以直接吸收水分和各种养分以供生长发育的需要。这样一颗接一颗的种子相继形成,表皮逐渐皱缩,果实逐渐成熟,形成了我们所见的花生果实。

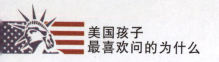

67 植物的种子都长在果实里吗？

吃水果时，常常会发现水果的果肉里面藏着种子。那么，是不是所有植物的种子都长在果实里面呢？答案是否定的。因为只有一部分植物是这样的，这部分植物叫作被子植物。

其实，在丰富多彩的植物王国里，能够形成种子的植物，除了被子植物，还有另外一类较古老的植物——裸子植物。裸子植物没有果实，只有种子，所以它们的种子都是裸露在外面的，如我们常常看到的银杏树枝上挂着的白果，就是银杏树的种子。常见的裸子植物，除了银杏，还有松树、杉树、柏树、铁树等。

关于裸子植物……

裸子植物是介于蕨类植物和种子植物之间的植物，它不再用孢子进行繁殖，而是开出无花被的花，花粉通过风力传播，雌花受精后，由裸露的胚珠发育成种子。

▶ 银杏果

松果是松树的果实

68 草莓的种子为什么在果肉外边?

植物的种子一般都包在果实的最里面,但是在草莓的身体里却没有发现种子。那么它的种子在哪里呢?其实草莓身体表面那些凹穴中的小黑籽就是草莓的种子。

▲ 蔷薇科的桃、杏的果实都是由子房发育来的,属于真果

草莓能吃的果肉不是由子房发育形成,而是由花托膨大形成的,这种果实被称为"假果"。由于植物的种类繁多,果实的类型也形形色色,所以果实被分成了好多类。所谓的真果和假果是从果实的组成来看的,由子房发育而来的果实叫真果,假果是除了子房外还有别的部分,如花被、花托等一起形成的果实。除了草莓之外,像苹果、向日葵等的果实也都是假果。

▼ 草莓的可食用部分是草莓的花托,其真正的果实是花托表面那些细小的颗粒

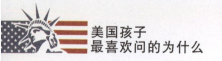

69 香蕉的种子哪里去了?

在人们的印象中,好像香蕉生来就是没有种子的。这样的想法,对香蕉来说,多少有点冤枉。在植物界里,有花植物开花结籽是自然规律,香蕉也不例外。原来野生的香蕉也有一粒粒很硬的种子,吃

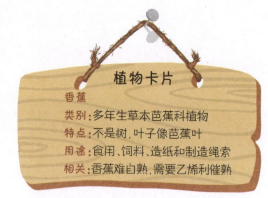

植物卡片

香蕉

类别:多年生草本芭蕉科植物
特点:不是树,叶子像芭蕉叶
用途:食用、饲料、造纸和制造绳索
相关:香蕉难自熟,需要乙烯利催熟

的时候很不方便,后来在人工栽培、选择下,野香蕉逐渐朝人们所希望的方向发展,时间久了,它们就改变了结硬种子的本性,变成了现在的样子。

严格说来,人们平时吃的香蕉里也并不是没有种子,吃香蕉时,在果肉里面可以看到一排排褐色的小点,这就是种子。只是它没有得到充分发育而退化成现在这样罢了。现在种植的香蕉因为种子的退化,繁殖就依赖于无性繁殖了。分离香蕉根部的幼芽,它就可以繁殖了。

香蕉的种子

70 种子的寿命有多长？

植物种子的寿命差别很大，一些短命种子，像柳树之类，在露天之下只要一个星期就会丧失发芽能力。一般的种子能存活 3~20 年，有的植物的种子能在自然条件下存活数百年，有一种睡莲的种子 800 年后仍有发芽能力。现在知道，种子的寿命，第一取决于它的遗传本性，与品种特点有关。一般地说，那些种皮坚硬、不透水、不透气的种子，寿命往往比较长。第二，取决于贮藏的条件。干燥的地方是比较理想的贮存之处。

各种类型的种子

71 世界上最大和最小的种子是什么？

世界上最大的种子是复椰子树的种子。复椰子树的果实重达 25 千克，剥去外壳后的种子还有 15 千克之多，种子直径约 50 厘米。

▲ 复椰子树的种子

有一种植物叫斑叶兰，它的种子小得像灰尘一样，5 万粒种子只有 0.025 克重，1 亿粒斑叶兰种子才 50 克重。人们至今还没有发现比这更小的种子。

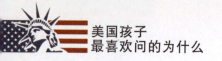

72 种子为什么要"旅行"？

种子总是想到更远的地方去，这是因为如果同一类种子传得比较近，那它们相互之间就会因为竞争激烈而不利于彼此的生长，这当然不利于这种植物扩大自己在整个自然界中的分布范围。

一种植物在自然界生长的地域越广阔，那它灭绝的可能性就越小，因为即使一个地方的植物受到了灭亡性的打击，如特大洪水等自然灾害，其他地方的这种植物还可以继续繁殖。所以，植物就进化出来各种各样的方法把自己的种子传到比较远的地方。

▲ 蒲公英的种子借助风力传播到很远的地方

73 为什么蒲公英的果实能飞上天？

蒲公英开花后会结出许多又轻又小的果实，每个小果实顶上，都长着一丛白色的绒毛，有利于它飞上天空。起飞前它们聚在一起，组成了一个毛茸茸的"果球"。一阵风吹来，蒲公英的果实就会飞到半空中，轻柔的绒毛使它们能在空中飘扬很长时间，看上去就像是一顶顶微型降落伞。这样，蒲公英的果实就能飘到很远的地方去安家了。

74 杨树是怎样传播种子的？

每到春天，杨树上就像挂满了棉花，风一吹，就有很多白色的毛茸茸的棉花状的东西随风飘荡。那其实是杨树的种子，我们叫作"杨絮"。杨树的果实开裂后，微小的种子借助轻巧的白絮在空中飘荡，寻找合适的生长地点，风一吹，就能飘到很远的地方。这是杨树繁殖后代的重要途径。我们常见的柳树也是这样繁殖的。

关于杨絮……

杨絮飘舞很美丽，但也会惹祸。当它飞到汽车水箱、电脑及各种机械仪器中，会影响其正常运行。飞到路上会影响行人和司机的视线，造成交通安全隐患。飞到行人的眼睛和鼻孔里，会影响视线和呼吸。此外飞絮还是易燃物，如果大量堆积再不慎接触烟头等火源，极易引发火患。

75 为什么苍耳会贴在动物身上？

在田里走走，你会发现身上、鞋上沾着许多像小刺猬一样，蚕豆大小的东西，它的名字叫"苍耳"。

苍耳是一种农田里的杂草，它的果实身上长满了带钩的刺，只要你碰上它，它就会沾在你的身上。其实苍耳是在请你帮助它传播种子。苍耳的果实挂在人和动物身上，就可被带到很远的地方，一旦落在泥土里，到了第二年的春天，它们就会长出新的小苗来。

◀ 苍耳

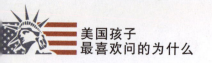
76 为什么说椰子是最出色的水上旅行家？

我们知道，椰子是利用水来传播种子的。

椰子的果实是一种核果，外果皮是粗松的木质，中间是由坚实的棕色纤维构成的，成熟后掉在水里，会像皮球一样漂浮在水面上，不会烂掉，有时会随着海水漂流数千千米，一旦碰到浅滩，或被海潮冲向岸边后，遇到了适宜的环境，它们就在那里发芽成长，重新定居。这就是热带沿海和岛屿周围会长出椰子树来的秘密。

另外，椰子树虽然对土壤的要求并不十分严格，但以水分比较充足的土壤最适宜，沿海岛屿周围，水分是最充足不过了，而且海水常常冲刷海岸，在土壤中留下了丰富的养料，同时也带来了大量的盐分，而椰子树特别喜欢含有盐渍的土壤，生长在这样的水土中，配合着合适的温度，充足的阳光，叶子长得特别快、特别好。

植物卡片

椰树
类别：棕榈科椰属
特点：海岛上的巨大绿伞、椰汁丰富
标志：海口市市树
相关：菲律宾被称为"椰子之国"

▲随波逐流的椰子果是在旅行中寻找适宜安家的地方

猜猜看：除了水仙，还有哪些花在冬天开放？

77 喷瓜为什么被认为是"旅行高手"？

喷瓜，最有力气的果实。原产欧洲南部的喷瓜，它的果实像个大黄瓜。成熟后，生长着种子的多浆质的组织变成黏性液体，挤满果实内部，强烈地膨压着果皮。这时果实如果受到触动，就会"砰"的一声破裂，好像一个鼓足了气的皮球被刺破后的情景一样。喷瓜的这股气很猛，可把种子及黏液喷射出 13~16 米远。因为它力气大得像放炮，所以人们又叫它"铁炮瓜"。

▲ 喷瓜

78 植物的种子是个"大力士"吗？

曾经发生过一艘远洋货轮在航行途中船身断裂的事故。后来发现，这艘大轮船的舱里装满了大豆，在航行时海水渗进了船舱，大豆受水膨胀，不断往外挤，把舱挤满，结果船壳胀裂。种子的神奇力量实在令人惊叹不已。

种子在萌发过程中，充满着巨大的活力。播撒在田野里的种子，一经萌发，就万头攒动，破土而出。掉在悬崖峭壁上的种子，能排除各种障碍，钻进石隙，长成一棵盘根错节的大树。可想而知，植物的种子确实是个"大力士"。

椰树的嫩芽从坚硬的外壳中破壳而出

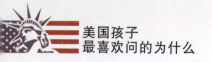
79 植物离开水还能生存吗?

　　水除了组成植物本身的作用外, 水在植物中还有很强的蒸腾作用。蒸腾作用是水分从活的植物体表面以水蒸气状态散失到大气中的过程, 蒸腾作用是根吸水的动力, 促使根从土壤中吸收水分;促进了水和无机盐的运输;蒸腾作用还能降低植物表面的温度, 植物的蒸腾作用散失的水分约占植物吸收水的90%以上。据估计1株玉米从出苗到收获需消耗四五百斤水。绿色植物在进行光合作用过程中,必须和周围环境发生气体交换。因此, 植物体内的水分就不可避免地丢失, 这是植物适应陆地生活的必然结果。

▲ 植物生长离不开水,它从土壤或外界中吸收生长发育所需的水分

植物卡片

水仙

类别:石蒜科水仙属多年生草本

特点:球茎与大蒜头相似

标志:柬埔寨国花

花语:思念、团圆

80 为什么水仙在水里就能开花？

水仙的鳞茎就像一个大蒜头，一个良好的水仙头要经过好几年的培育，这时候鳞叶里已经积累了充足的养分，在鳞叶间还长出了花芽。所以，当我们把水仙球拿回家后，泡在水里，不需要加入什么养料就可开花。不过，不是所有的水仙头都能开花的，有的因为照料得不好，也不会开花。水仙花开过后，必须转为土栽，以利于来年再有充足的能量开花。

▲ 水仙的鳞茎

81 植物吃什么长大？

植物长大离不开光合作用，光合作用离不开水和太阳。

水被称作生命之源，如果没有水，就没有所有的生命。对植物而言，如果大量缺水，细胞中的化学反应就会停止，细胞的生命就会终结，从而使整个植物死亡。而在沙漠中很多植物可以在缺水的情况下生活，那是因为长期进化的结果，但是如果沙漠地区终年没有一滴水的话，这些植物也会渴死的。

阳光对植物也是必不可少的。植物的光合作用通过吸收阳光和空气中的二氧化碳，为自己的生长制造养料，这些养料就是植物的"食物"，所以，缺少了阳光就不会有植物，也就不会有我们的整个世界。

82 植物的光合作用是怎样被发现的?

植物从空气中吸收二氧化碳,从土壤中吸取水分和一些矿物质,而植物的叶片吸收太阳能,在叶绿素的线粒体中制造糖分和有机物,为自己的生长发育制造营养,提供养料,这一过程称为光合作用。

17世纪时,比利时的医生海尔蒙做了一个实验,首先他称了一棵小柳树的重量,然后把柳树种到一个盆子里面,5年后,再一次称这棵柳树,他发现柳树重了75千克,而盆里的土只少了几十克。海尔蒙认为是水使柳树增重和生长。虽然海尔蒙错误地认为水是植物的食物,但是他的植物并不是从土壤里面直接获得食物的想法是正确的。

在海尔蒙之后,科学家们慢慢发现了植物"食用"太阳能,捕捉空气中的二氧化碳,加上水作为原料去生产糖分和碳水化合物。

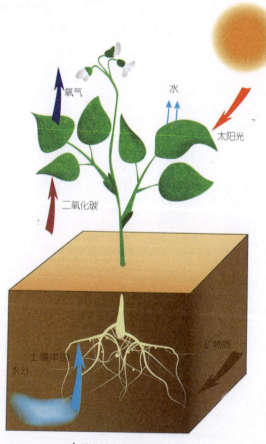

氧气

水

太阳光

二氧化碳

矿物质

土壤中的
水分

▲ 植物的光合作用

83 为什么植物也会呼吸？

植物和人不一样，它的"鼻孔"可是不少。看起来平滑封闭的叶片上，其实分布着很多气孔，二氧化碳和氧气就是由这些气孔进进出出的。气孔是由两个形似半圆的细胞围成的，如果说气孔是叶子的大门，那么这两个半圆形的细胞就是大门的门卫了。这两个细胞牢牢地遵守着自己的职责，在外界条件的影响下控制着气孔的开闭，起到保卫作用。

树叶中90%以上的水分也都从气孔中蒸发掉了，这样看似很浪费的过程却对叶子很重要。因为蒸发可以吸热，可以降低叶子表面的温度，使叶片在强光下不会被晒伤。气孔还能吸收营养物质，再输送到植物的各个部位，补充植物生长发育所必需的营养素。

植物是通过叶片中的气孔吸入氧气进行有氧呼吸的

关于呼吸作用……
呼吸作用即吸入氧气，也释放二氧化碳和热量。植物全天都有呼吸现象，但白天植物可以同时进行光合作用和呼吸作用，室内摆放植物可以净化空气；夜里植物只进行呼吸作用，反而消耗掉室内氧气，所以夜晚睡在有植物的屋子里的人会感到呼吸憋闷。

84 为什么不同环境下生长的植物也不同？

阳光、水分、矿物质、空气是植物生长的基本条件，但不同植物需要不同的生活条件，这一特性造成了地球上植物分布的地域性差异。

沿着纬度方向有规律更替的植被分布，被称为纬度地带性。由于太阳辐射提供给地球的热量有从南到北的规律性差异，植被也形成了带状分布，在北半球从低纬度到高纬度依次出现了热带雨林—亚热带常绿阔叶林—温带落叶阔叶林—寒温带针叶林—极地苔原。

海洋上蒸发的大量水汽，通过大气环流输送到陆地，是陆地上大气降水的主要来源。在同一热量带范围内，陆地上的降水量从沿海到内陆渐次减少，相应的植被类型也依次更替，其顺序为：森林植被—草原植被—干旱荒漠植被。此即为植被分布的经度地带性。

从低海拔平地像高山上升，气候条件逐渐变化，气候条件的垂直差异，导致了植被分布的变化，此即为植被分布的垂直地带性。

▲ 雨林植被

▶ 草原植被

▼ 沙漠植被

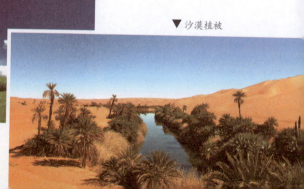

85 苹果树种到热带地区为什么不结果?

苹果树生长的地方四季的气温变化非常明显,苹果树就养成了固有的生长、开花、结果的习性。冬天苹果树在低温下休眠,花芽则躲在鳞片包着的"小屋"里继续生长发育。经过夏季的高温积累糖分,到了第二年秋天,小苹果就长成大苹果了。如果把苹果种在热带地区,那些地方一年四季的气温都很高,花芽不经过低温阶段,所以它就不结果。

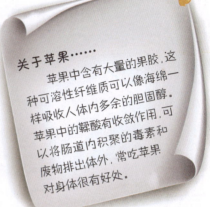

关于苹果……

苹果中含有大量的果胶,这种可溶性纤维质可以像海绵一样吸收人体内多余的胆固醇。苹果中的鞣酸有收敛作用,可以将肠道内积聚的毒素和废物排出体外,常吃苹果对身体很有好处。

86 为什么松树的叶子像针一样细?

松树的叶子是针形的,因为针形表面比一般的树叶小,这样就避免水分过度蒸腾,不至于"干死"。而山上风力较小,正由于松树的叶子是针形的,大风刮来,阻力比较小,树就不至于被风刮倒。这就是松树能在荒山上生根发芽、越长越大、越长越多的原因。

松树的针形叶

87 为什么称胡杨树为"沙漠英雄"?

走进沙漠,就会看到胡杨树。胡杨就像一块块碧玉,镶嵌在金色绒毯般的沙漠里。它的最大作用在于抵抗风沙,改造环境,故有"沙漠英雄"之称。

戈壁沙漠上是难以生长乔木的,只有胡杨能够闯入沙漠之中,沿着河道繁衍成绿色的走廊林,或者在地下水丰富的地带,形成大面积的胡杨林。一望无垠的戈壁滩上,有了这些活的"挡风墙",对抑制风沙流,增加沙漠植被,起了很大的作用。

▲ 沙漠中的胡杨林

88 为什么仙人掌会长刺?

仙人掌类植物由于长期生长在缺雨少水的沙漠里,必须一方面最大限度地减少水分的蒸发,另一方面要大量贮存水分。于是,仙人掌的茎干变成肉质多浆,根部也深深扎入沙地里,尽可能多地吸收水分。它的叶子也退化了,变成了针状或刺状,从根本上减少了蒸腾面。

仙人掌厚肥的绿色部分是它的茎,刺是它退化的叶

89 光棍树为什么不长叶子?

光棍树的故乡在非洲的干旱地区,那里常年雨水很少,非常缺水,为了保水抗旱,它们的叶子就逐渐变小,甚至慢慢地消失了。这样,可以减少体内的水分蒸发,大大节省用水。

▲ 光棍树

为了制造有机质而能生存下去,它的树枝就变成了绿色,以代替叶子进行光合作用。可见,光棍树的这种有趣特点,是为了适应严酷的自然条件和生存环境,而逐渐形成的特殊抗旱本领。

植物卡片

仙人掌

类别: 仙人掌科肉质多年生植物

特点: 喜欢强烈的阳光

花语: 坚强、刚毅的爱情

相关: 墨西哥的国徽图案

90 千岁兰能活一千岁吗?

千岁兰生长在沙漠中,茎十分短粗,在茎的颈部边缘分别向侧生有两片巨大的叶片。这两片叶一经长出,就与整个植株终生相伴。这种奇特的植物寿命很长,一般都能活百年以上。据科学家测定,最长寿的植株已活了 2000 年,因此称其为千岁兰一点儿也不过分。

◀ 千岁兰

91 为什么草原上只有草而没有树？

草原上的泥土很薄，通常只有20厘米左右，由于土层的含水量仍然不多，而草原地区年降雨量较少，少雨干旱，再加上草原上的气候变化无常，水分蒸发相当快，因而土层中的水分更容易丧失。树木的生长需要有一定深度的土层，使根系吸收土壤中丰富的水分和养分，而草原上却不具备这两个基本条件，因而不宜于树木的生长。

关于草原……

草原分为热带草原和温带草原。热带草原温度较高，有旱季和雨季之分，多生长高大草本植物和矮小乔木，也称作稀树草原。温带草原则冬季寒冷，夏季温暖干旱，这种温度不高、降雨量较少的地带，生长的多是耐旱的草本植物。

▼一望无际的大草原

92 为什么纺锤树被叫作"死不了"？

纺锤树远远望去就像一个个巨型的纺锤插在地里，这种奇特模样跟它生活的环境关系密切。纺锤树生活在巴西高原上的热带雨林区(热带疏林)，每年雨季与旱季都交替出现，但雨季十分短暂。为了度过漫长的旱季，纺锤树进化出了发达的根系和瓶样的身体，以便储备更多水分。一般一棵纺锤树在雨季可以贮藏2吨水，所以也被人们称作瓶子树。

▲ 纺锤树

93 旱地里植物的根为什么扎得特别深？

因为植物生长需要水才能够生存。植物的根不停地从土壤里吸收水分，才能保证自身的生长。干旱的土壤，地表面水分太少了，植物要活下去，就要拼命地长根，只有把根扎得深深的，才能把土壤深处的水吸到自己的体内。因此，旱地里植物的根都长得特别深。

▲ 旱地植物发达的根系

94 为什么高原上的植物都很矮小？

在海拔数千米的高山地区，不仅空气稀薄，气温极低，紫外线强烈，缺少必需的水分，而且风特别大，高大的植物容易被风刮断，所以，高山植物的茎和枝全都缩得短短的，而且一丛丛地聚集在一起。长得密密的枝和叶，不但能抵抗强风，还能防止热量和水分的散失。

关于花朵的颜色……
花朵的颜色是由花瓣中的色素决定的，主要为类胡萝卜素和花青素。类胡萝卜素使花显为黄、橙、红等颜色；花青素使花显为红、黑、蓝等颜色；白色花没有色素。

95 为什么高山上的花朵特别鲜艳？

高山地区的紫外线十分强烈，破坏了植物的染色体，于是植物便产生了大量类胡萝卜素和花青素来吸收紫外线。而这两种色素的大量产生，也使得高山上植物的花朵色彩更加鲜艳了。另外，颜色艳丽的鲜花在阳光下光彩夺目，比素淡颜色的花更能引起蜜蜂、蝴蝶等昆虫的注目，也更易吸引它们前来采花授粉，以延续后代。

▼ 满山遍野盛开的艳丽花朵

96 为什么雪莲不怕冷?

雪莲是高山植物的重要代表之一,又被称为"傲冰斗雪的勇士"。雪莲生长在海拔4800~5500米的高山寒冻风化带,它的个头儿不高,茎短粗,叶子上面还长满了白色绒毛,可以防寒保温,也可以减少水分蒸发,还可以防止紫外线的照射。

每年7月,雪莲花盛开,花冠外面那几层膜质的叶,可以防寒和保持水分。它的枝叶和叶片还能随高山的阴阳变化自然地开合,所以雪莲能在全年都有很厚积雪的天山上开出美丽的花朵。

▲ 雪莲

97 寒冷的极地也有植物吗?

极地指的是地球上纬度高于南北极圈的区域——北极大陆块和南极大陆块。极地的气候寒冷多风干燥,环境条件十分严酷,不过仍有些植物在这里顽强地生存着,它们就是极地植物。

极地柳生长在严酷的条件下,高度只有30~60厘米,生长极其缓慢。当夏季气温升高时,北极地区的大勿忘草、仙女木、罂粟花等会开出美丽的花朵。在冰冷的南极海水中还生长着许多的红藻。此外,地衣和苔藓也成为了极地地区的驯鹿最爱吃的食物。

▲ 北极仙女木

98 为什么热带雨林被称为"地球之肺"？

森林有着净化空气、通过光合作用为其他生物提供氧气的作用，如同人体中的肺一样，所以热带雨林被称为地球的肺。

热带雨林是一种茂盛的森林类型，主要分布在赤道附近的热带气候地区，我国的热带雨林

关于热带雨林……

热带雨林的面积仅占地球陆地面积的7%左右，但它所包含的植物种类却占了50%。热带雨林中能找到各种植物，包括种子植物、蕨类植物、苔藓和真菌。雨林地区全年高温多雨，无明显的季节区别。走进雨林，里面密不透风，光线暗淡。

主要分布于海南、云南和台湾。热带雨林对全球的生态效应有重大影响，茂密的雨林能吸收大气中的二氧化碳，并源源不断地放出生命赖以生存的氧气，在维持大气成分的稳定方面起着重要的作用，因而热带雨林也被称为"地球之肺"。

▼郁郁葱葱的热带雨林

99 为什么龟背竹的叶片裂缝多?

龟背竹是一种美丽的观赏植物,它的叶子很奇怪,不仅有好多大裂缝,有时在叶面上还出现一个个空洞,这是为什么呢?原来,这种植物生长在热带雨林中,在那儿经常遭受暴风雨的袭击,它的大叶子上有了缝隙和空洞,就不容易被风雨损伤了。

▶ 龟背竹的叶

100 水里的植物是怎样生活的?

生活在水里的植物,有的漂浮在水面上,有的悬浮在水中,有的用根或假根固定于水下的某处,但是它们都是利用光合作用来为自己提供养料而生存的。许多水生植物的叶子变成了丝状,可以让溶在水里的二氧化碳更好地进入到叶片中去,同时还能减少水流对叶片的阻力。

水里的氧含量不足空气的 1/20,为了得到更多的氧气,水生植物建造了很多通气孔。例如莲,它的变态茎——藕中充满了气孔,而且荷叶的叶柄也是布满了通气道的,而气孔和通气道是相通的,这样叶柄就可以把空气通过气孔传到莲藕上了。

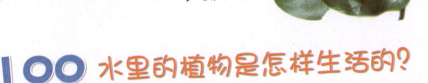

藕中的气孔

101 水生植物为什么不会腐烂?

如果地里积满了水,玉米、大豆等农作物就会被淹死,时间再长一些还会腐烂。可荷花、金鱼藻、浮萍等水生植物,或大半段或全部泡在水里,为什么不会腐烂呢?

原来水生植物的根和一般植物的根不同,它具有一种特殊的本领,就是能吸收水里的氧气,并且在氧气较少的情况下,也能正常呼吸。而其他植物的根,长时期泡在水里,得不到足够的空气,就会被闷死,时间长了也就会腐烂了。

不可思议

荷与莲很相似,但荷的叶片有绒毛、无分杈,挺出水面,莲的叶片油亮亮,有分杈且浮在水面,此外莲不结莲蓬。

有些水生植物,为了适应生活的环境,在身体上还有另外一些特殊的构造。如藕与水面上叶与叶柄的孔相通;菱角的叶柄膨大形成气囊贮藏空气,供根呼吸等。由于水生植物有着种种适应水中生活的构造,使根能够正常地呼吸,叶绿素也能通过光合作用制造养料,所以长期生活在水中不会腐烂。

荷花为了适应水域生活,发展出中空的叶柄

猜猜看:我们吃的菱角是水生植物菱的哪一部分?

102 水里的植物都是绿色的吗?

水生植物为了适应在水里的生活，它们和陆地上的植物大不相同，所以颜色也就不会都是绿色的了。颜色变化最明显的体现在藻类上。藻类是地球上最早出现的绿色植物，它们大多生活在水里，也有的生活在潮湿的地面、岩石、树皮等地方。藻类不仅含有叶绿素，而且含有大量其他辅助色素，各种藻类的色素在比例上有差异，所以

▲ 绿色的海藻

藻类植物呈现不同的颜色，如:褐色、红色、绿色、黄色等。我们看到池塘、水池里面的水是绿色的，其实那并不是水的原因，水本身是无色透明的，而让水变绿的"罪魁祸首"是绿藻。因为绿藻是绿色的，它们在水中大量繁殖，使得水看上去是绿色的。

不只是水面的植物，有些陆地上的植物，如红苋菜、秋海棠的叶子，常常也是红色或者紫色的。这是因为它们叶子中的花青素比较多，遮盖了叶绿素，所以看起来是红色的了。

▼ 红藻

103 为什么藕切断后还有藕丝?

说到藕,自然就想到荷花。荷花是莲科多年生草本植物,生长在浅水池塘中,其茎生长在淤泥中,变态根状茎即藕,也称莲藕。当我们折断藕时,可以观察到长长的白色藕丝,使断藕之间联系着,为什么会有这样"藕断丝连"的现象呢?

这是因为莲藕的结构比较特殊,植物运输水分的组织叫导管,这些组织在植物体内四通八达,在叶、茎、花、果等器官中,宛如血管在动物体内畅通无阻,植物的导管内壁在一定部位会特别增厚,形成特别文理,有的呈环状、有的呈网状、有的呈梯形状。而藕的导管内壁增厚部分连续为螺旋状,成为螺旋形导管。当藕折断时,那些导管并没有真正的折断,而是向弹簧一样被拉长,形成许多的物质。

▲ 藕断丝连

关于出淤泥而不染……

人们常常用"出淤泥而不染"这句来形容荷花。而这句诗出自宋代周敦颐写的《爱莲说》一文:"予独爱莲之出淤泥而不染,濯清涟而不妖。"此外莲叶上有一层蜡晶体,有防水和抗污的作用。

104 为什么荷花出污泥而不染?

在我们的心目中，荷花"出淤泥而不染，濯清涟而不妖"，是高尚纯洁的象征。它虽从污泥中生长出来，却光洁美丽，从不沾染一点儿脏东西。这是为什么呢？原来，荷花和荷叶的表面都有一层像蜡一样的物质，而且有许多微小的突起，突起之间有空气。这样，当荷花的花芽和叶芽从污泥里钻出来时，由于表层有蜡质保护着，所以脏东西就很难附着上去。当水与其表面接触时，会因表面张力而形成水珠。这些水珠滚来滚去，又会把一些灰尘和污泥一起带走，达到洁净的效果，所以荷花能"出淤泥而不染"。

▼ 荷花被视为花中仙子，成为高尚品德的象征

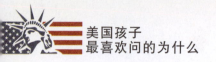

105 水葫芦为什么能净化水质？

氮、磷等营养物质过多地排入河水或湖泊中后，会导致水里生物特别是藻类大量繁殖，进而破坏水中的生态平衡。

水葫芦在生长过程中需要大量的氮、磷等营养物质，并对重金属离子、农药等有极强的吸收能力。在适宜条件下，10000平方米的水葫芦能将800人排放的氮、磷元素当天吸收掉，水葫芦还能从污水中除去镉、铅、汞、铜、银、钴、锶等重金属元素。所以，人们惊奇地看到，这种美丽的植物似乎特别喜欢脏水，水越脏生长越旺。脏水中许多对其他水生植物有害的成分，对于它似乎都成了养分，会被它贪婪地吸收掉。在湖泊、河流中放养水葫芦，能够大大改善水质。

▲ 水葫芦

106 为什么金鱼草没有根也能生存？

金鱼草一般漂浮在水面上，没有根却活得很好。原来，在金鱼草的茎和叶里，有许许多多的空洞。这些小洞里贮存的就是空气，靠着它，金鱼草就可以进行呼吸，而不会被淹死在水里了。

那么金鱼草是如何吸收水分呢？金鱼草的茎和叶子表面的任何部分的细胞都能吸收水分，体内也有"运输大道"，可以把水分和气体输送到全身。所以，没有根，金鱼草也能吸收到氧气和水。

◀金鱼草是一种藻类

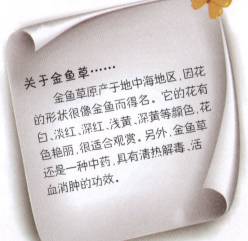

关于金鱼草……
　　金鱼草原产于地中海地区，因花的形状很像金鱼而得名。它的花有白、淡红、深红、浅黄、深黄等颜色，花色艳丽，很适合观赏。另外，金鱼草还是一种中药，具有清热解毒、活血消肿的功效。

107 水稻是水生植物吗?

水稻并不是水生植物,而是一年生的禾本科植物。它的叶长而扁,圆锥花序由许多小穗组成。所结籽就是稻谷,去壳后称大米或米。我们所说的水生植物具有三个特征:1.具有发达的通气组织;2.对植物起支撑和保护作用的机械组织不发达甚至退化;3.水生植物在水下的叶片多分裂呈带状、线状。水稻不具备这三个特点,所以它不是水生植物。

▼稻田

108 人类最早的粮食作物是什么?

小麦是人类最早种植的粮食作物。在古埃及的石刻中,已有栽培小麦的记载。人们从古埃及金字塔的砖缝里发现了小麦,据考古学家研究,大约在1万年前,当人类还住在洞穴里的时候,就开始把野生的小麦当作食物了。

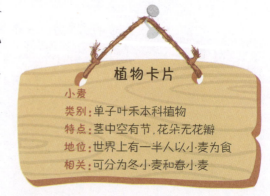

植物卡片

小麦

类别:单子叶禾本科植物
特点:茎中空有节,花朵无花瓣
地位:世界上有一半人以小麦为食
相关:可分为冬小麦和春小麦

109 "五谷"是哪五种作物?

"谷"是"穀"的简体字,原来是指有壳的粮食。早期人们食用的谷物主要为稻、黍、稷、麦、菽、麻这六种,是当时的主要作物。所谓五谷,就是指这些作物,或者指这六种作物中的五种。但随着社会经济和农业生产的发展,五谷的概念在不断演变着,现在所谓五谷,实际只是粮食作物的总名称,或者泛指粮食作物。

▲ 各种粮食作物

110 常吃大豆对身体有什么好处?

在所有植物性食物中,只有大豆蛋白可以和肉、鱼及蛋等动物性食物中的蛋白质相媲美,被称为"优质蛋白"。大豆中的脂肪以不饱和脂肪酸为主,可以预防血管硬化。大豆中含有较多的纤维素,使人不容易发胖。所以说常吃大豆对身体有很多好处。

◀大豆别名黄豆,是蛋白质最丰富,价格最廉价的来源

111　为什么摘下来的蔬菜会变蔫儿？

当蔬菜长在地里时，可以不断地从根部吸收土壤里的水分和养料，所以非常新鲜。如果蔬菜一旦被摘下来，菜里面的细胞虽然不会死掉，但它们却要消耗蔬菜本身储存的水分和养料，所以时间一长，蔬菜中的水分和养料消耗多了，菜就变蔫了。所以，我们平常要买新鲜的蔬菜，这样又有营养，吃起来口感也好。

▲ 变蔫了的芹菜

112　为什么发芽的土豆不能吃？

马铃薯的块茎上有许多芽眼，平时，我们不易看到芽眼里的芽，因为马铃薯在收获后有两三个月的休眠期。过了这个时期，有些马铃薯(尤其是变绿发青的马铃薯)就会从芽眼里长出嫩芽来。如果把发芽的马铃薯拿来做菜，人吃了往往会出现呕吐、发冷等中毒症状。这是因为马铃薯中发芽的芽眼周围产生了一种名叫龙葵碱的剧毒物质，人吃了就会中毒，所以发了芽的马铃薯不能吃。

▲ 发芽的土豆

113 红薯为什么放久了更甜?

爱吃红薯的人都会有这样的经验:刚收获的红薯甜味很淡,而贮藏后的红薯味道却特别甜。这其中有什么原因呢?原来,生长期间的红薯,由于自身的温度相对较高,红薯只积累淀粉,糖分很少,而且水分较多,所以这时的红薯吃起来甜味较淡。贮藏一段时间以后,水分减少了很多,皮上起了皱纹。水分的减少对于甜度的提高有很大的影响。原因有两个:一是水分蒸发导致水分减少,相对地增加了红薯中糖的浓度;二是在放置的过程中,水参与了红薯内淀粉的水解反应,淀粉水解变成糖,这样红薯内糖分增多,所以红薯就越贮藏越甜了。不过,贮藏太久的红薯也会腐烂,而且贮藏时不能与马铃薯一起混合贮藏,因为它们一个怕冷,另一个怕热。

不可思议

把蔫掉的蔬菜泡进水中,一段时候后蔬菜会重新"新鲜"起来,这是植物细胞失水后重新吸水导致的。

◀ 红薯

114 韭菜割了为什么还会长?

　　菜农们收割一次韭菜后不久韭菜还能再长出来,这是因为每一簇韭菜地下都有许多圆锥形的鳞茎。韭菜的叶片不是叶尖在长,而是从鳞茎中心的生长点不断生长出来的。因此,鳞茎外围的叶片长得很高大,鳞茎中部的叶片较小。韭菜割后,由于鳞茎内贮藏着许多养分,所以新叶又会长出来。在肥大水足的韭菜园里,一年可以收割韭菜五六茬儿。一般韭菜栽下后半年才割,这样做是为了让鳞茎长得更好。

植物卡片

韭菜

类别:百合科多年生草本植物

特点:含挥发性硫化物,气味辛香

相关:韭菜在黑暗中生长时,因无法光合作用而呈黄白色,即韭黄。

▼韭菜

115 为什么说胡萝卜是"小人参"?

胡萝卜是一种质脆味美、营养丰富的家常蔬菜。胡萝卜含有丰富的胡萝卜素,胡萝卜素经人体消化吸收后会转化为维生素A。维生素A能促进人体发育、骨骼生长和脂肪分解等,是人体所必需的营养物质。此外,胡萝卜还含有维生素B、维生素C和氨基酸等物质,对人体的生长发育大有益处。胡萝卜的营养价值如此之高,因而有"小人参"之称。

▲ 胡萝卜

116 为什么切开的茄子放久了会变黑?

如果将切开的茄子在空气中放一会儿,便变黑了。这是因为茄子里含有一种叫单宁的成分。它是一种结构复杂的酚类化合物,最大特点就是很容易被空气中的氧气氧化,生成浅黑色的氧化物。把茄子切开后,如果不马上烹调,其中的单宁就会暴露在空气中,一会儿便被氧化成了黑色,所以我们看到的茄子就变黑了。其实含有单宁的果实都有这种现象,例如苹果、梨切开后也会变成黑褐色。

单宁氧化后使茄子变黑了

117 为什么说冬瓜全身是宝?

冬瓜的营养丰富、肉质细嫩、味道清香,是深受人们喜爱的蔬菜之一。冬瓜肉中还含有丙醇二酸,这种物质能抑制糖转化为脂肪,防止人体内脂肪的堆积,有减肥降脂的功效。冬瓜还有含钠量低、含糖量少的特点,因此,冬瓜是最适合水肿病人及高血压、糖尿病患者食用的蔬菜之一。

◀ 冬瓜

关于冬瓜……
冬瓜明明生产于夏季,为什么大家却叫它冬瓜?这是因为冬瓜在瓜熟之际,表面有一层白粉状的东西,就好像是冬天所结的白霜,为此,冬瓜又称白瓜。

118 芹菜为什么被称为降压菜?

芹菜素是天然存在的一种黄酮类化合物,有"植物雌激素"之称,广泛存在于多种水果、蔬菜、豆类和茶叶中,其中芹菜中含量最高。芹菜素能抑制血管平滑肌扩张,减少肾上腺素分泌,从而降低和稳定血压,因此芹菜又被称为"降压菜"。

但芹菜的降压作用炒熟后并不明显,最好生吃或凉拌,连叶带茎一起嚼食。

▲ 芹菜

119 为什么水果不能代替蔬菜？

因为蔬菜中含有人体所需的六大类营养和膳食纤维，蔬菜中丰富的钙、钾、镁、磷、铁等矿物元素就是碱性元素，能够调节人体内的酸碱平衡，营养相对水果更丰富，所以水果不能取代蔬菜。反之也不意味着蔬菜就能代替水果，水果也有它独特的功用，如多数水果中含有各种有机酸，能刺激消化液分泌。每天应以 400~500 克的新鲜蔬菜为主，再适当地吃 100~200 克水果，做到均衡营养膳食，这才有利身体健康。

▲ 蔬菜营养价值高，是人们生活中必不可少的食物之一

120 为什么甘蔗的根部比顶部甜？

甘蔗在成长过程中，要不断消耗养分。小甘蔗上下都不甜。长大以后，一方面制造出来的糖分增加，另一方面消耗养分减少，多余糖分就贮藏在甘蔗的下部分。所以成熟的甘蔗都是下段比上段甜。此外，甘蔗的叶子蒸发需要水分，所以叶多的上端水分也多，糖分自然也被稀释了；而越接近根部，叶少水分也越少，糖分当然也更浓了。

▲ 甘蔗

121 香蕉的形状为什么是弯的?

熟透的黄黄的香蕉很好吃,然而它的形状为什么大多是弯弯的呢? 这是阳光照射的缘故。

一串香蕉有很多根,阳光没办法均匀地照射到所有的香蕉。而每根香蕉都努力想要得到充足的阳光,以便能长得又大又甜,所以每根香蕉都往能照射到阳光的上端生长。因此,香蕉的形状往往就变成了弯弯的。

一串串挂在树上的香蕉,既像月牙儿又像小船

122 菠萝为什么要在盐水里泡一泡?

菠萝的果肉里除了含有多种有机酸、糖类、氨基酸和纤维素外,还含有一种水解蛋白质——菠萝酶。如果吃了没有泡过盐水的菠萝果肉,人的口腔、喉咙就会有一种麻木刺疼的感觉,这是菠萝酶在作怪。因为菠萝酶能够分解蛋白质,对我们的口腔黏膜和嘴唇的柔嫩表皮有较强的刺激作用。而食盐能抑制菠萝酶的活性,因此,我们吃菠萝前要先用盐水把菠萝泡一下。经盐水浸泡的菠萝,菠萝酶少了,有机酸也少了,吃起来会更加香甜爽口。

▲ 菠萝

猜猜看:我国台湾地区将菠萝称为什么?

123 为什么火龙果里有很多小黑点?

火龙果也叫青龙果、红龙果,原产于中美洲热带,因为外表的肉质鳞片很像蛟龙的外鳞而得名。它光洁而巨大的花朵绽放时,飘香四溢,果肉营养丰富,含有一般植物少有的植物性蛋白和丰富的水溶

动手种火龙果

把火龙果的果肉挖出来,放进装有潮湿土壤的小容器里,搁置窗边,几天后就会有几株火龙果小苗冲你招手了。

性膳食纤维,火龙果的样子也很漂亮,因此被人们称为"吉祥果"。

吃火龙果时,常会看到里面有像芝麻一样一粒粒的小黑点,这其实是火龙果的种子。只要把这些小黑点连同果肉种在泥土里,过不了多久就会长出一棵棵小嫩芽来。火龙果对土壤的要求并不高,平地、水田、山坡或旱地都可以栽培,但是它最喜欢在肥沃、排水良好的中性或微酸性土壤中生长,生命力很是旺盛。

火龙果的种子

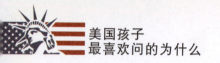

124 为什么梅子那么酸？

有个成语叫"望梅止渴"，讲的是人们想到梅子的酸味儿就会忍不住分泌唾液。梅子的味道很酸，那是因为梅子里含有很多的有机酸，如酒石酸、单宁酸、苹果酸等等。虽然苹果、柠檬等其他水果也含有酸，但是都没有梅子所含的酸多。

▲ 梅子

125 榴莲为什么闻着臭臭的？

其实榴莲不臭，只是它特有的味道过于浓烈。一些人认为榴莲芳香馥郁，一些人则觉得不堪入鼻，但是大家一致认同的是，这种水果的气味太过浓烈。

◀ 榴莲

植物卡片

榴莲

类别：热带常绿乔木

特点：外壳为三角形刺、气味浓烈

标志：泰国的"水果之王"

相关：相传原名"留恋，谐音榴莲"

猜猜看：如果榴莲出现了酒精味还能吃吗？

126 为什么称芒果为"热带果王"?

芒果是著名的热带水果,集热带水果精华于一身,味道甜美,营养丰富,被誉为"热带果王"。芒果原产于亚洲南部的印度、马来半岛。每年的 5~7 月是芒果成熟的季节。成熟的芒果大多呈金黄色,有的果皮上泛着浅浅的红晕,让人垂涎三尺。芒果营养价值极高,富含糖、蛋白质、粗纤维,尝一口便会回味无穷。盛夏季节,吃上几个芒果可消暑解乏,让人觉得浑身清爽。

▲ 芒果

127 桃杏的种仁为什么不能食用?

很少有人想到,在桃子那柔软多汁的果肉里,却包含着一颗能致人死亡的祸心——种仁,要是你误食了它们,轻则呼吸困难,瞳孔放大,重则惊厥、昏迷、抽搐,甚至死亡。此外不能直接食用的还有枇杷和杏的种仁。

杏仁和桃仁有的不太苦,而且富含油脂,清香可口,时常吸引孩子们误食。至于商店出售的杏仁罐头或者杏仁粉等,已经过炒制,当然都是可以吃的无毒佳品。

▲ 杏核和仁

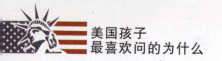

128 世界三大饮料植物是什么?

自然界中许多植物都可以制造成美味可口的饮料,其中以茶、咖啡和可可最为出名,它们并称为"世界三大饮料植物"。茶发源于亚洲,咖啡发源于非洲,可可发源于美洲,不同的发源地带给它们不同的文化背景,十分有趣。

这三大种植物中均含有咖啡因,对人体能起到消除疲劳、振奋精神、促进血液循环、利于尿液排出、提高工作效率和思维活力等功能,已成为人类饮食中不可缺少的重要部分。

关于茶叶……

中国是茶的故乡。茶树矮小,常常密密麻麻地挤在一起。茶就是由茶树的嫩叶做成的,可以分为绿茶、红茶、黑茶和花茶等。绿茶是中国人最喜欢的茶饮品,著名的西湖龙井、黄山毛尖等都属于绿茶。而英国人则更喜欢喝红茶,他们的红茶大部分产自印度。

▲ 可可豆

▶ 茶叶与茶

猜猜看:世界第一贵和第二贵的咖啡分别是什么?

129 为什么咖啡被称为"饮料之王"？

4000年前,非洲的埃塞俄比亚一个地区的牧民发现,羊群吃了一种热带小乔木的红果子后躁动不安、兴奋不已,赶回羊圈后,羊群仍然通宵达旦地欢腾跳跃。于是,牧羊人试着采了一些这种红果子回去熬煮,没想到满室芳香,熬成的汁液喝下以后更是精神振奋,神清气爽,从此,这种果实就被作为一种提神醒脑的饮料,从这里传向也门、阿拉伯半岛和埃及,走向了世界各地。

▲ 咖啡豆与咖啡

130 巧克力是用可可豆做的吗？

制作巧克力的原料的确来自可可豆。可可豆是可可树的果实,可可树原产于南美洲亚马孙河上游的热带雨林,它遍布热带潮湿的低地,通常长在高树的树荫下,树干坚实,花色粉红。可可树开花后就会结出果实,人们把这些可可豆剥出果仁,发酵晒干,烘焙及研磨,就会生产出可可粉。可可脂与可可粉主要用作饮料,制造巧克力、糕点及冰激凌等食品。

▲ 巧克力

131 哪些植物的花可以吃？

许多植物的花朵也是可以吃的，比如我们常吃的花菜，是由千千万万朵小花蕾组成的，它们互相挤在一起，形成一个大花球，所以，我们每吃一口花菜，就等于吞下了几百朵小花。

而鲜花菜肴和饮料早在两千多年前就在我国兴起，如南瓜花和芙蓉花历来就是农家的家常菜，金针花也是大众化的菜肴。

至于饮料更有桂花茶、金银花茶、菊花茶、茉莉花茶等多样品种。

在当今中国茶系中，芙蓉鸡片、桂花丸子、菊花糕、桂花干贝、菊花龙凤骨、茉莉汤等，已是大受欢迎的鲜花名菜。在香港可以吃的花很多，如菊花、玫瑰、茉莉、桂花、蒲公英等，还有一些瓜果植物的花，都成为杯中之茗，盘中之餐。

▲ 桂花糕

◀ 菊花茶富含许多微量元素，更有清热解毒，清肝明目的功效

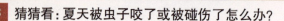

132 薄荷为什么特别清凉？

薄荷是一种具有香味的多年生植物，在薄荷的茎和叶里，含有多量的挥发油——薄荷油，它的主要成分是薄荷醇和薄荷酮。薄荷油是淡黄绿色的油状液体，馥郁芳香而清凉，薄荷的全身清凉香味就是从这儿而来的。吃薄荷会有清凉的感觉，这并不是皮肤降温了，而是薄荷中所含的薄荷油对人体皮肤上的神经末梢有了刺激，产生了一种冷的感觉。

不可思议

薄荷对感觉神经末梢有抑制和麻痹的作用，如果谁的皮肤被虫咬了或被碰伤了，擦点薄荷清凉油就能减轻痛痒。

▼ 薄荷

◀ 薄荷茶

133 桂皮是桂花树的皮吗？

桂皮并不是桂花树的皮，而是肉桂的干皮，肉桂和桂花树是两种截然不同的树木。桂皮气味芳香，作用与茴香相似，常用于烹调腥味较重的原料，也是五香粉的主要成分，是最早被人类使用的香料之一。

在公元前2800年的史料记载中就曾提到桂皮；在西方的《圣经》和古埃及文献中也曾提及肉桂的名称。秦代以前，桂皮在我国就已作为肉类的调味品与生姜齐名。桂皮也是重要的中药，自古以来与北方的人参、鹿茸齐名。

▲ 桂皮

134 葱为什么有白、绿两部分？

这与葱的种植有关，葱在地上的部分为绿色，在地下部分为白色。在葱的种植期间，人们会不断培沙土，使其大部分一直生长在沙土下，不见阳光，因而使葱的体细胞内的质体以白色体为主，固呈白色；而长出地面部分，由于受到阳光照射，可以进行光合作用，叶绿体中的叶绿素呈绿色，故长出地面的为绿色。所以葱有白、绿两部分。

▲ 葱

135 为什么要常吃大蒜?

　　大蒜中含有一种植物抑菌剂,叫大蒜素。大蒜素的杀菌力几乎相当于青霉素的一百倍。导致细菌性腹泻、感冒的各种病菌,只要遇到大蒜汁,几分钟内就会被消灭。大蒜还能降低胆固醇,改善冠状动脉的循环状况。常吃大蒜的人能减少冠心病的得病几率。同时,大蒜能提高人体巨噬细胞的消化能力。这种巨噬细胞能吞吃细菌乃至癌细胞,所以对人的健康,特别是抑制癌细胞的侵害起着积极的作用。据说,在古代,人们就已经懂得了用大蒜杀菌、防止瘟疫和治疗肠道疾病。

关于大蒜……

　　大蒜是秦汉时从西域传入中国,有紫皮大蒜和白皮大蒜两种,其中紫色的更加辛辣一些。此外大蒜中含有一种叫"硫化丙烯"的辣素,对病原菌和寄生虫都有良好的杀灭作用,可预防感冒,减轻发烧、咳嗽、喉痛及鼻塞等感冒症状。

▼大蒜具有杀菌、抗癌的作用

136 为什么黄连特别苦？

俗话说："哑巴吃黄连，有苦说不出。"这是因为黄连中有一种生物碱——黄连素。黄连素是黄连苦的根源，有科学实验表明，如果用 1 份黄连素，加上 25 万倍的水，等它完全溶解后，这种水仍然是苦的。

黄连素是黄连治病的主要成分。黄连素对痢疾杆菌、结核杆菌、葡萄球菌等细菌有很强的抑制作用。人们将黄连素制成片剂或针剂，做抗菌消炎药，来治疗细菌性痢疾、呕吐腹泻等病。

137 为什么把人参称为"百草之王"？

人参，为五茄科多年生草本植物，因为人参有显著的抗疲劳作用，服用后能提高人的脑力和体力的机能；较大剂量时有镇静作用，还可以改善人的睡眠和情绪，又被人们奉为神草。

其实人参皂甙才是人参如此厉害的原因。人参茎叶中的皂甙含量与根基本一致，参须、参花、参果的皂甙含量则比根还高。

▲ 人参

猜猜看：黄连的药用部分是哪部分？

138 甘草为什么被誉为"百药之王"？

甘草入药已经有悠久的历史了，被称为"百药之王"。早在两千多年前，《神农本草经》就将其列为了药之上乘。它有解毒、祛痰、解痉等药理作用。另外，甘草还广泛应用于食品工业，用来精制糖果、蜜饯和口香糖等。

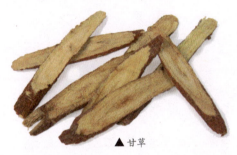
▲ 甘草

139 藏红花是产在西藏吗？

藏红花是一种多年生草本植物，它非常名贵，在中药里是一味能活血通经、养血祛瘀、消肿止痛的特效名药。人们一直以为藏红花产自西藏，其实不然。藏红花产在遥远的南欧和西亚。很早以前，藏红花通过陆路来到中国，首先通过喜马拉雅山脉进入西藏，然后由西藏转销到内地广大地区，内地人只知此花来自西藏，所以就把红花前加上一个藏字。

不可思议
藏红花的柱头才是药用部分，但产量非常低，一棵苗开1~10朵花，5000棵苗最多才得到500克花，故十分名贵。

▶ 藏红花

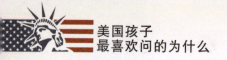
140 蘑菇是植物吗？

夏季大雨过后，在树林里的草地上，常常会一下子冒出许多大大小小的蘑菇来，它们是植物吗？

蘑菇不是植物，它们是用孢子来繁殖后代的菌类。细小的孢子落到泥土里或者朽木上，不会马上发育，直到获得充足的养料和水分后，才会长出菌丝。菌丝能像网一样散布在土壤里或者木头上，吸收水分和养料。等到获得足够的养分和水分后，菌丝上就开始

关于漂亮的野蘑菇……

森林的野蘑菇，在伞盖上镶嵌着许多鲜红色条状或鳞状斑纹，十分艳丽。但是吃了这种毒蘑菇会出现头晕、恶心、呕吐，严重时昏迷甚至死亡。如条纹毒鹅膏菌就是一种常见的毒蘑菇，其身体内含有各种各样的有毒物质。

长出一个个小球。小球长得非常快，不久就能钻出地面，一下子伸展开来，长成一个个蘑菇，所以下雨后，蘑菇长得又快又多。

▼ 蘑菇外形似植物，但它们事实上是真菌类的一种

141 冬虫夏草是虫还是草？

冬天是虫，夏天是草。所以人们称之冬虫夏草，其实它们属于菌藻类生物。

许多种类的飞蛾为繁衍后代，产卵于土壤中，卵之后转变为幼虫，在此前后，冬虫夏草菌侵入了这些幼虫体内，吸收幼虫体内的物质作为生存的营养条件，并在幼虫体内不断繁殖，致使幼虫体内充满菌丝，在来年的5~7月，自幼虫头部长出黄或浅褐色的菌座，生长后冒出地面呈草梗状，就形成我们平时见到的冬虫夏草。

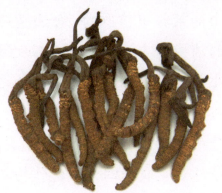
▲ 冬虫夏草

142 灵芝为什么被称为"仙草"？

灵芝其实并不是草，而是同蘑菇一样，是一种真菌。灵芝含有生物碱、内脂香豆精、酸性树脂、氨基酸、油脂等，具有补血和安神的功效，在中医上对神经衰弱、高血压等多种病症有疗效。

▲ 灵芝

因为灵芝既能够医治人的许多病痛，又能对人体起滋补保健的作用，再加上天然的灵芝常常生长在崇山峻岭之中，十分难得，人们觉得它就像仙境的灵草一样神奇和珍贵，因此称之为"仙草"。

143 哪些植物可以提炼油？

以榨取油脂为主要用途的作物统称为油料作物，主要包括大豆、花生、芝麻、向日葵、蓖麻、油用亚麻和大麻等。

大豆的含油量很高，是人们日常生活中重要的食用油，与动物油相比胆固醇含量更低，可以减少心血管疾病。而菜油则是由油菜籽中榨取的，含油量比大豆还高，在中国的消费量占了全国食用油的三分之一以上。花生是我国最重要的油料作物之一，它的种仁含有大量脂肪和蛋白质，是品质最佳的植物油，在工业上也有许多用途。芝麻则是我国四大油料作物之一，芝麻油不仅风味独特，芳香浓郁，而且在油漆、皮革、颜料、橡胶等工业方面也不可或缺。

▲ 葵花油是从葵花子中提取出来的食用油，色泽清明透亮，深受人们喜爱

▼ 由油菜籽榨出来的油叫菜籽油，也是人们较常食用的一种油

144 橄榄油是用橄榄榨出来的油吗?

不少人以为橄榄油是用橄榄榨出来的。其实,橄榄油并不是用橄榄榨取的,而是用另外一种专门的油科植物——油橄榄榨取的。油橄榄是一种常绿树木,以其果实能产油而形状又似橄榄得名。它原产于地中海一带,是那里许多国家(如意大利、西班牙和葡萄牙等)的重要油料作物。用油橄榄的果实榨取的油,芳香可口,营养丰富,富含多种维生素,是在化学结构上最接近母乳的一种植物油,也最容易被人体吸收,被誉为"品质最佳的植物油"。虽然橄榄的果实和种子也可以榨油,但其含油量和品质远不及油橄榄。

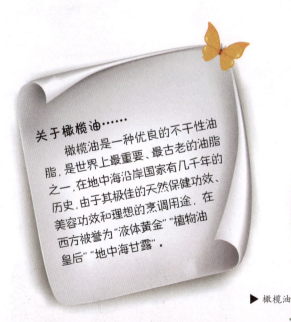

关于橄榄油……
橄榄油是一种优良的不干性油脂,是世界上最重要、最古老的油脂之一,在地中海沿岸国家有几千年的历史,由于其极佳的天然保健功效、美容功效和理想的烹调用途,在西方被誉为"液体黄金""植物油皇后""地中海甘露"。

▶ 橄榄油

145 我们身上穿的衣服是从哪儿来的?

我们的衣服材料丰富多样,大部分是棉、麻、丝和涤纶等。

棉花是一种纤维植物,它们喜欢强烈的阳光,棉桃中的白色棉纤维可以纺成纱,织成布,最后做成衣服。棉布做的衣服很柔软,对皮肤有很好的保护作用。除了棉花之外,在植物中,麻也可以制成布。麻是一种古老的纤维植物,5000年前的埃及人就开始用亚麻的纤维织布做衣服了。亚麻茎秆在成长时是空心的,成熟之后就变成实心的了,里面含有亚麻纤维。亚麻布料清爽透气,穿在身上非常舒服,所以很受人们的欢迎。

▲ 棉花与棉桃

▲ 亚麻袋

丝是桑蚕结茧时所分泌的丝液凝固而成的,人们常常把这种布料叫作蚕丝布料,中国在汉代就已经大规模用蚕丝织成的布来做衣服,且对西域出口。蚕丝爽滑细腻,是一种高级面料。

涤纶面料是日常生活中用得非常多的一种化纤服装面料。它们来自于石油化工。其最大的优点是抗皱性和保形性很好,而且结实耐用。

▲ 棉线

146 棉花是花吗？

棉花植株上会开出洁白柔软的花朵，但是这种花实际上并不是真正的花，而是果实里面的成分，它可以用来织布，这种花就叫棉花。棉花的花实际上是棉花的果实，叫"棉桃"。棉花植株上真正的花是紫色或者淡黄色的，雌花落后就会结出棉桃，即果实，里面就是大家看到的白色的"棉花"。

147 香料植物都有哪些？

香料植物包括葱、姜、蒜、花椒、桂皮、八角、胡椒、丁香、砂仁、豆以、薄荷、茴香、香叶、草果、肉扣、首蓿、可可、薰衣草等等。香料都具有令人愉快的芳香气味。人们常常用它们改变食物的香味。它们是许多美味佳肴的重要"配角"。人们也常常把它们制成熏香，来改变屋内空气的气味。特别是像沉香、檀香这样的香料，用于熏焚时产生出来的香气不仅芳馨幽雅，对人体消除疲劳也是很有帮助的。人们常常把薰衣草放在衣橱中间，因为薰衣草的香味有防蛀作用。

关于咖喱······

咖喱并不是一种香料的名称，而是许多种香料特别是姜黄粉混在一起煮制成的。其中新加坡的咖喱温和辛香、泰国咖喱鲜香无比、印度咖喱辣度强烈兼浓郁、马来西亚咖喱清香平和、斯里兰卡咖喱优质香味。

▲ 香味出众的薰衣草是世界上最流行的芳香植物

148 好闻的香水是从哪儿来的？

香水是混合了香精油、固定剂与酒精的液体，通常这些香精油取自芳香植物。芳香植物是具有香气和可供提取芳香油的植物的总称，常见的芳香植物有薰衣草、迷迭香、玫瑰、薄荷和丁香等。此外檀香树的芯材——檀香木也是常见的香水、精油的来源。

▼ 香水

关于香水……
香水是香精、动物香料和酒精以一定比例调制的，喷洒过后可以让人体保持持久的固定气味的液体。一般采用蒸馏法或者脂吸法萃取，香味可以分为前调、中调和尾调三个部分。

▲ 檀香木工艺品

149 为什么薰衣草可以驱逐蚊子？

薰衣草是一种蓝紫色的小花。原产地为地中海，喜干燥，花形如小麦穗，通常在 6 月开花。薰衣草本身具有杀虫效果，人们通常把用薰衣草做成的香包放在橱柜中，也有的把它放在卧室，用于驱蚊。驱蚊草、夜来香、薰衣草、万寿菊等都有驱蚊的效果，但效果不太显著。

150 芦荟为什么能让人变漂亮?

芦荟含有芦荟素、芦荟苦素、氨基酸、维生素、糖分、矿物质、甾醇类化合物、生物酶等活性物质,自古以来就是治疗皮肤病的良药。芦荟浸出液能营养皮肤,并能抑制表皮癣菌、星形努卡菌等皮肤真菌,有较好的治疗作用,还可以遮挡紫外线。

▲芦荟厚叶中间的凝胶体,具有舒缓、保湿、滋养等多重美肤功效

151 为什么黄瓜可以美容?

植物学家研究发现,黄瓜含有人体生长发育和生命活动所必需的多种糖类、氨基酸和维生素,可为皮肤和肌肉提供充足的养分,有效地对抗皮肤老化,减少皱纹的产生。所以,将新鲜的黄瓜切成薄片贴在脸部,或取黄瓜汁涂于面部或皮肤上,可以舒展面部皱纹,治疗面部黑斑,还能清洁和保护皮肤,从而起到美容的作用。黄瓜中含有的丙醇二酸能有效地抑制食物中的糖类转化为脂肪,从而达到减肥的目的。黄瓜中所含的生物活性酶能有效地促进机体代谢,将其提炼出来,可制成洗面奶。

▲黄瓜被称为"厨房里的美容剂"

152 可以酿酒的植物体内含有酒精吗?

可以酿酒的植物体内并不含有酒精，而是植物的果实和种子里含有的淀粉等营养成分，经过发酵后转化为酒精的。常见的酿酒植物包括啤酒花、燕麦、葡萄、苹果和稻米等。

啤酒花生长于欧洲及美洲，特别是德国高原，它的花朵是酿造啤酒的原料，不仅可以使啤酒具有清爽的芳香，还是啤酒中泡沫的来源。

▲ 啤酒花

葡萄则是葡萄酒的原料，人们将葡萄做成发酵和不发酵两种酒精饮料，通常分为白葡萄酒和红葡萄酒，酒的颜色取决于葡萄皮和果肉中的色素含量。

稻米则是制造米酒的好原料。最好的米酒是把稻米磨到原本大小的30%后酿造而成，并不添加任何人工原料。米酒经过蒸馏后，就成为了浓度很高的白酒。

◀ 葡萄酒

▲ 稻米

153 蜜源植物有哪些?

蜜源植物是专供蜜蜂采集花蜜和花粉的植物,是蜜糖的主要来源。我国和俄罗斯、阿根廷、墨西哥等为产蜜大国。据初步统计,目前全国共有可供采蜜的蜜源植物约1万种,部分种类已成为农作物或园林绿化树种、花卉、药材或牧草的资源植物。仅在耕作区,蜜源植物

▲ 洋槐花蜜就是从洋槐花上采摘酿酿而来的。具有改善血液循环、降低血压的疗效

就占50%左右。紫云英广泛分布于南方各地;棉花、芝麻、向日葵、荞麦、草木樨和果树等分布于华北、华东、西北或东北各地;油菜蜜源几乎遍布全国各地。这些蜜源植物的特点往往表现为花期长、流蜜丰富、蜜质优良、稳产高产。

关于蜜源植物……

蜜源植物分为主要蜜源植物和辅助蜜源植物。前者指花期长、分泌花蜜量多、蜜蜂爱采、能生产商品蜜的植物,如荞麦、油菜、薰衣草等;后者用来在主要蜜源植物开花期不相衔接时,作为调剂食料供蜜蜂采食。

在草原和森林,蜜源植物种类繁多。江南地区的桉树、龙眼、荔枝;华南地区的乌桕;丘陵地区的鸭脚木和山茶科属植物;华北山区的荆条;秦岭南北的槐、枣;东北地区的椴树;西北高原的百里香、香茶菜、野坝子等,都是常见的木本或草本蜜源植物。

154 为什么说吊兰是"室内净化器"？

▲ 吊兰

吊兰不仅是居室内极佳的悬垂观叶植物，而且也是一种良好的室内空气净化花卉。吊兰具有较强的吸附有毒气体的功能，有"绿色净化器"之美称。美国环保问题专家比尔·沃维尔曾经进行过实验，他将吊兰放在一个特制的有机玻璃容器中，给予良好的光照，然后充入已污染房间的空气，过一段时间再测量经过吊兰吸收过的空气成分，结果发现，容器内的有害气体所剩无几。

155 为什么说君子兰不是兰花？

君子兰的名字中带有一个"兰"字，可是它却不是兰，君子兰在很多方面不具备兰花的特征，因此它与兰花不是一个"家族"。兰花是兰科的，君子兰是石蒜科的，

兰科植物是仅次于菊科的一个大科。花非常美丽，一般都有香味，花瓣有 6 片。一般两侧对称，而且花瓣均匀，花根部一般有 3 枚萼片，花柱与雄蕊合成一个蕊柱。而君子兰不具备这些特征，所以它不是兰花。

▶ 君子兰

156 真的有可以预测地震的植物吗？

20世纪初，一些科学家发现预测地震最好的植物是含羞草。这是一种很敏感的植物，它细腻的"感觉"也会预测很多的事情。那么，含羞草预测到有地震发生的时候会有什么样的表现呢？含羞草在平时正常的情况下，白天的叶子是张开的，而到了夜晚，它的叶子就是闭合的。可是，在地震来临之前，它就会一反常态，行为正好相反：白天的时候，闭合叶子；晚上的时候，张开叶子。刚开始人们对这一现象感觉很奇怪，并没有深入地研究，但是，在科学家们注意到之后，才发现含羞草的这种反常的现象恰恰是大地震来临之前的预兆。

植物卡片

含羞草

类别：豆科多年生草本或亚灌木

特点：茎叶被触碰后会卷曲或闭合

花语：含羞，敏感，礼貌

原产地：热带美洲

▼含羞草

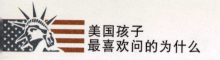

157 植物怎样指示矿物的所在?

　　植物通过根部吸收土壤中的养分,当地下埋有矿藏时,土壤中的成分也会发生改变。植物吸收了这些成分后,会产生生态变化,人们就可以根据这些变化来判断矿藏的位置。另外,有些植物在生长发育中特别需要某些矿物元素,喜欢生长在富含这种金属的土壤上,这种依存关系也是人们找矿藏的重要依据。

158 竹子是树还是草?

　　木本植物每过一年,茎干的横断面便增添一圈同心轮纹,然而锯断竹子看,里面却什么也没有。另外因竹子是多年生植物,而非一年生。由此可知,竹子不是"树",而是最高的草。

▲竹

植物卡片

竹子

类别: 多年生木质化禾本科

特点: 长到一定高度后,只长粗不长高

标志: 贵阳市的市树

相关: "梅松竹"岁寒三友美称

 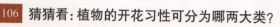猜猜看: 植物的开花习性可分为哪两大类?

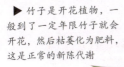

▶ 竹子是开花植物，一般到了一定年限竹子就会开花，然后枯萎化为肥料，这是正常的新陈代谢

159 为什么竹子开花就会死呢？

竹子开花后成片枯死是人们长期感到迷惑不解的问题，科学上对此也持有不同观点。

主流观点认为，竹子生长到一定的年龄，必然会出现衰老现象，为繁衍后代，在生命结束之前开花、结果。

开花结果要消耗掉大量的有机养料，而这些养料来自根、茎、叶，所以开花结果后，营养器官中贮存的养料大部分被消耗，不能再生活下去，就逐渐枯死了。一次开花植物小麦和水稻是这样，当然竹子也不例外。

竹子开花，使竹鞭和竹竿贮藏的养分被消耗尽，多数种类，如毛竹、梨竹等，开花后地上和地下部分全部枯死。但是像斑竹、桂竹、雅竹等少数竹种，开花后地上部分死亡，而地下部分的芽仍能复壮更新；也有个别竹种如水竹、花竹等，开花后植株叶片仍保持绿色，地下部分也不枯死。此时应尽快砍去花枝，以减少营养消耗，从而保证竹子的正常生长。

160 为什么雨后春笋长得特别快?

竹子长出的竹笋，有冬笋和春笋之分。冬笋是竹子的地下茎，外面包着尖硬的笋壳。到了春天，温度上升，笋壳里的芽向上长，并钻出地面，就变成春笋。春笋生长需要很多水，如果水分不足，春笋就长不快，有的芽只是暂时待在土壤里。只要雨水一大，春笋的芽喝足了水，便从土里拱出地面，很快就长高了。

春笋以其笋体肥大、洁白如玉、肉质鲜嫩、美味爽口被誉为"菜王"，又被称为"山八珍"。

烹调时无论是凉拌、煎炒还是熬汤，均鲜嫩清香，是人们喜欢的佳肴之一。祖国各地均有很多有名的笋菜。如"春笋里脊""姜葱炒春笋""剁椒春笋"等。

◀ 春笋

▲ 冬笋

161 佛手瓜是胎生植物吗?

佛手瓜的下半部分膨大,上部有几条沟纹向中心凹陷,看起来就像握紧的大拳头,因此而得名。

由于佛手瓜的原产地高温多湿,每年又有一定时间的旱季,因此它在雨季时便迅速生长发育、开花结果,种子成熟后不脱离母体,就在果实中萌发成为幼苗。每当干旱季节来临,佛手瓜的瓜藤枯萎,挂在瓜藤上果实中的幼苗,却能从果肉中吸收到必需的水分。一旦雨季来临,它就落在地上,并抢在雨季结束之前迅速地开花结果。佛手瓜就这样以胎生的特性,利用有限的水分存活下来。

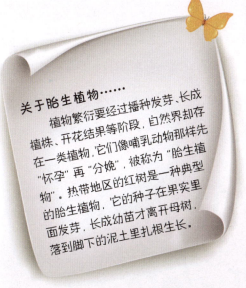

关于胎生植物······

植物繁衍要经过播种发芽、长成植株、开花结果等阶段,自然界却存在一类植物,它们像哺乳动物那样先"怀孕"再"分娩",被称为"胎生植物"。热带地区的红树是一种典型的胎生植物,它的种子在果实里面发芽,长成幼苗才离开母树,落到脚下的泥土里扎根生长。

▶ 佛手瓜的幼苗从果实中长出

162 有依靠别的植物生活的植物吗?

和动物界的寄生虫一样,植物界也存在着这样一批寄生者。它们从不制造或很少制造养料,却从另一些植物身上吸取营养,过着不劳而获的生活,这种植物被人们称作寄生植物。大多数寄生植物是利用它们的根从寄生的植物体中吸收水分和营养的,有些寄生植物吸收树上滴下来的水,使它们的茎更丰满。

▲ 寄生植物依靠吸收别的植物的养分和水分来生长

163 菟丝子是"寄生虫"吗?

菟丝子是大豆寄生植物,刚出土的两三周内还过着独立的生活,靠吸收种子胚乳里的营养维持生命。慢慢地,它的茎尖开始不安分起来。它一旦碰上大豆的茎,就迅速缠绕上去——因为它清楚从此可以吃住无忧了。于是,菟丝子的根与叶慢慢地萎缩或死亡,渐渐失去了应有的功能,开始过上不劳而获的寄生生活。

▼ 菟丝子缠绕在寄主茎上,靠吸收寄主茎内的养分生长

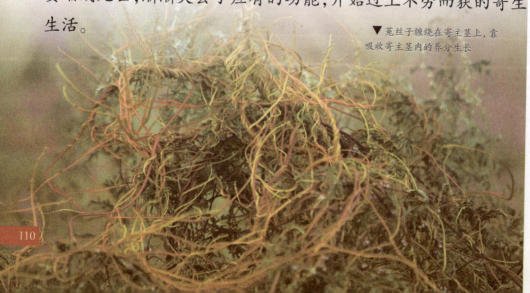

164 什么是槲寄生?

在山野里的榆、槲、栎、柳、桑、柿、梨等树上,常常可以看到有一丛丛常绿的叶子附在枝干上,不凋落,这就是槲寄生。

槲寄生为常绿小乔木,它的花开在两片叶子之间,果实为球形,熟了之后为红色。它的果实鸟类最喜欢吃,但它的果肉富于黏性,黏在鸟嘴上不易脱落,鸟类便用嘴在树皮裂缝处用力剔除。这样便无意识地把种子"播种"在树上,为槲寄生找到了寄主。

> 关于寄生植物……
>
> 桑寄生一般寄生在桑树、栎树、柳树、苹果树等树木上,对空气的污染非常敏感,可以作为一种空气污染指示植物。蔗寄生又名野菰,是南方比较常见的一种寄生植物,多寄生在树干的底部。

槲寄生的根,构造简单,深入寄主维管束中夺取寄主的水分和养料。但它的叶子含有叶绿素,可进行光合作用,因此它是一种半寄生植物。

▲ 槲寄生

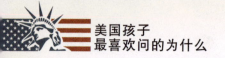
165 有爱吃虫的植物吗？

喜欢吃虫的植物，全世界有 500 多种，它们的大部分猎物为昆虫和节肢动物。食虫植物是一种会捕获并消化动物而获得营养的自养型植物。它们吃昆虫并非获取糖分等能量，而是为了获取矿物质。常见的吃虫植物有猪笼草、捕蝇草、茅膏菜等。某些猪笼草偶尔可以捕食小型哺乳动物或爬行动物，所以食虫植物也称为食肉植物。

关于食虫植物……

毛毡苔也是一类非常著名的食虫植物，它们的种类很多，全世界共有 90 多种。它们利用叶片上众多细毛分泌出带黏性和甜香味的黏液，粘住落在上面的蚂蚁或蝇类，然后叶片卷起，捕捉并消化这些误入魔掌的食物。

166 捕蝇草是怎样捕捉昆虫的？

捕蝇草的叶子长得很像一个夹子，由左右对称的叶片组成。夹子的外缘长满了刺状的毛，很像一排锐利的牙齿。当昆虫飞来或是小爬虫爬到夹子边缘上，碰到上面的毛时，夹子就会迅速合拢，"夹子"两端的刺毛正好交错，形成笼状，这样，昆虫就无法逃走了。"夹子"的内侧布满了红点状的消化腺。从捕蝇草捕捉昆虫开始，直到把昆虫消化，这个过程可能需要几个星期。

▲ 捕蝇草

167 猪笼草为什么能吃虫?

猪笼草的叶子长得就像一个精巧的小瓶子。"小瓶子"的内缘细胞能渗出香甜的汁液。艳丽的颜色和香甜的蜜汁不断地吸引着小昆虫往里面钻。不过,瓶子里面滑溜溜的,虫子一不小心就会滑到瓶底,掉进黏乎乎的消化液里。这样,小昆虫就别想逃走了,因为过不了多久,它就会成为猪笼草的美餐。

▶ 猪笼草

168 为什么说瓶子草是著名的食虫植物之一?

瓶子草原产加拿大南部以及美国东海岸地区,在它的捕虫器瓶口附近有许多蜜腺,能分泌出含有果糖的汁液。但这可不是美食,而是危险的毒液,里边含有毒素。昆虫食用这种毒液后,会神志不清,或是麻痹、死亡。不过,同样具有毒液的猪笼草还会手下留情,蜜汁的毒性较低,因此前来取食的昆虫大多能安然无事,只有最不小心或最贪食者才会掉入瓶中。相较之下,瓶子草就危险多了,其蜜汁通常会直接导致昆虫中毒致死而跌落瓶内。

▼ 瓶子草

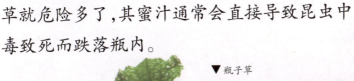

169 水中也有会"捕猎"的植物吗？

水中的植物"杀手"叫作狸藻，这种植物平日里都在水面上"游荡"，长着细如发丝的叶子，而在这些细细的叶子旁长着许多卵形的小口袋，这些小口袋就是它们的捕食工具。狸藻的小口袋非常特别，有着一张只能从外往里开的小盖子。我们可不要小看了这个小小的口袋和这个只能进不能出的"大门"。当水中的小虫游到了狸藻的旁边，随着水势轻轻地一推，小虫就很容易被推到狸藻的口袋里。可是，这进去很容易，想出来，那可就难了，狸藻的盖子发挥了重要的作用，因为它从里面是推不开的。于是，可怜的小虫也就只好束手就擒，乖乖地成为狸藻的美餐了。

狸藻的小口袋

▼狸藻

170 世界上毒性最大的植物是什么?

蓖麻子是所有植物中毒性最强的。即使你是一个成年人,吃一两颗蓖麻子,也许就会死掉。蓖麻子(不是真正的豆子,而是种子)里面含有一种有毒的物质叫作蓖麻蛋白(蓖麻毒素),这种物质可以妨碍细胞产生蛋白质。在没有蛋白质的情况下,细胞会死亡,这样的结果就会导致人体严重受到破坏,最终致人死亡。

▲ 蓖麻

171 箭毒木为什么又叫"见血封喉"?

箭毒木生长在我国云南西双版纳的热带雨林里,可谓世界上最毒的树。箭毒木的根、茎、叶、花、果里都含有白色的剧毒乳汁。如用浸有这种毒汁的毒箭射中野兽,几秒钟之内就能使野兽的血液迅速凝固、心脏停止跳动。毒汁一旦触及人和动物皮肤上的伤口,也会导致人和动物死亡。所以,人们称箭毒木为"见血封喉",意思是毒性很强,很快就会致人死亡。

不可思议

箭毒木毒性虽大,但毒汁的有效成分经过提取后,可用于高血压治疗。此外树皮纤维可以用来纺织妇女的裙子。

172 为什么有些植物能让人产生幻觉?

目前,人们已了解的迷幻植物,全世界约有150种,其中130种分布在西半球。据生物学家的化学分析表明,能产生幻觉大多数是因为植物内含有的生物碱,它们同人脑中的几种化学物质有类似之处。如我国南京中山植物园温室里有一种仙人掌,名叫乌羽玉,原产南非洲,它含有一种生物碱"墨斯卡灵",与人体内的去肾上腺素相似;印度佛教徒用的罗芙木茎液汁,也含有类似这样的物质。所以,也能使人进入梦幻境界。罂粟中的罂粟碱也能产生幻觉和麻醉。这些物质进入人体之后,会干扰人体的知觉和思维,诱发各种奇异的幻觉。

▲罂粟果实

▼罂粟花花大艳丽,香气浓郁,是世界上最美丽的花之一

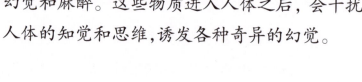

173 为什么有的植物能连生在一起?

"在天愿做比翼鸟,在地愿为连理枝",在我国的许多著名风景区或古老的寺院里,都可以见到连生在一起的连理枝或连理根,它们的枝干紧紧相依,合生在一起。

树木的这种连生现象,其实是自然形成的。当相邻的两棵树枝交叉时,在风力作用下相互摩擦,磨破树皮,露出形成层。

▲ 连理枝

等风平静下来后,相交之处的形成层会产生新的细胞愈合在一起,使两棵树长成"连理枝"。

在大森林里,树木连生现象屡见不鲜。不过连生并不是对两棵树都有好处,而只对生命力强的树有利。因为强壮,所以它能获得更多的营养物质,使得弱小一些的那棵树发育不良甚至死亡。

关于连理枝……

柏抱槐有常见的连理树现象,在山东的孔庙和孟庙都可以看到,一般是从柏树的中间长出一棵槐树。这是由于柏树年龄大后树干易中空,有槐树的种子落到里面生根发芽,两棵树便长到一起了。

174 为什么植物不能像动物一样自由移动？

从植物的构造来看，植物是由纤维素组成的，细胞有细胞壁，且是四方的、硬硬的、不易变形，而动物细胞是圆圆的，容易变形，因此会出现植物不能动，而动物能动的现象。

虽然人们认为植物似乎是静止的，但还有不少植物带有较为明显的"运动"特征，如向光性、向地性、向触性、向水性。

175 跳舞草真的会"跳舞"吗？

这是真的！我国南方很多地方都生长着跳舞草。跳舞草的叶子长长的，一个叶柄上长着一片大叶、两片小叶。人们每次看见它的时候，那两片小叶总是以叶柄为轴心绕着大叶舞动旋转，旋转一圈后又以很快的速度回到原位，然后再开始旋转。一棵跳舞草上的叶子在旋转时虽然有快有慢，但却很有节奏。在旋转的时候，两片小叶时而向上合拢，时而慢慢向下分开展平，就像展翅飞舞的蝴蝶一样。跳舞草为什么要"跳舞"呢？据科学家分析，跳舞草在"跳舞"时，叶片的位置会不停地变换，以获得更多的阳光。

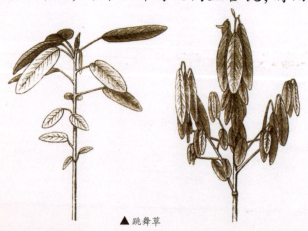
▲ 跳舞草

176 为什么含羞草会怕羞?

　　许多人认为植物是直立不动,没有知觉的。仿佛所有的植物都是对外界没有感觉。真的是这样吗?其实植物不但有感觉,像含羞草这样的还会极其敏感呢。

　　含羞草的细胞是由细小如网状的蛋白质"肌动蛋白"支撑的,与动物的肌肉纤维作用相似,可以控制肌肉

▲ 含羞草

的伸缩。所以用手轻轻碰一下含羞草的叶子,它就像害羞了一样,把叶子合拢起来,垂下去。触动得轻,它便动得慢,折叠的范围也小。触动得重,它的动作也会非常迅速,不到 10 秒钟,所有的叶子全都折叠起来。

植物卡片

含羞草

类别:豆科多年生草本植物

特点:被触碰就收缩

花语:害羞

相关:"闭月羞花"的花就是含羞草

177 向日葵为什么朝太阳生长？

向日葵从发芽到花盘盛开之前，它的叶子和花盘每天都会追随太阳从东向西转。太阳落山后，向日葵的花盘又慢慢往回摆。这是因为向日葵对阳光十分敏感，在阳光的照射下，生长素在向日葵背光一面的含量急剧升高，刺激背光细胞拉长，从而慢慢地向太阳方向转动。在单侧光的照射下，生长素在背光一侧比向光一侧分布得多，背光一侧的细胞生长得快，使得茎朝生长慢的一侧弯曲，也就是朝着太阳的方向弯曲。生长素对植物生长的作用，往往具有两重性。它既能促进植物生长，也能抑制生长；既能促进发芽，也能抑制发芽。这种现象与生长素的浓度和植物器官种类等有关。

稻、麦的幼苗受到阳光照射后，会向阳光的方向弯曲也是这个原因。

> **关于生长素……**
> 向日葵颈部的生长素怕阳光，一见阳光，就跑到背光的侧面去躲避起来。这样，背光一面的生长素越来越多，长得也比向阳的一面快些，向日葵就总向着有光的一边弯曲。

▼ 向日葵向太阳生长与它的生长素的分布情况有关

178 植物也要睡觉吗？

花生是一种爱"犯困"的植物，它的叶子从傍晚开始，便慢慢地向上关闭，表示要睡觉了。

常见的合欢树，它的叶子由许多小羽片组合而成，在白天舒展又平坦，夜幕降临时，那无数小羽片就成双成对地折合关闭。

植物的睡眠运动并不受温度和光强度的控制，而是由于叶柄基部中一些细胞的膨胀变化引起的。如合欢树、酢浆草、红三叶草等，通过叶子在夜间的闭合，以减少热量的散失和水分的蒸发。尤其是合欢树，叶子不仅仅在夜间关闭、睡眠，当遭遇大风大雨时也会逐渐合拢，以防柔嫩的叶片受到摧残。这种保护性的反应是对环境的一种适应。

▶ 合欢树

179 植物之间也有朋友和敌人吗?

植物和人一样,喜欢和朋友们生活在一起,又与敌人彼此厌恶和斗争。

在植物的生长过程中,它们的根、茎、叶、花等器官会分泌出一些物质。这些物质对它周围生长着的其他植物都存在着一定的有利的或不利的影响。

比如蚜虫害怕大蒜的气味,将棉花和大蒜种在一起,就会使棉花增产。洋葱有田间大夫的美名,它身上发出的气味能杀死小麦黑穗病孢子和豌豆黑斑病菌。葡萄园里种植紫罗兰,结出的葡萄香味更浓。卷心菜与莴苣为伍,莴苣刺激性气味,会把卷心菜的大敌菜粉蝶驱赶出境。

相反有些植物会斗得你死我活。胡桃树分泌的胡桃醌会伤害相邻的苹果树和蕃茄、马铃薯等,严重者可造成死亡;柏树旁种植梨树,柏树散发的气味能使梨树落花落果,一无所获;很多草类会争相长高,减少其他草类得到的阳光,使之生长不良。

▶ 紫罗兰

不可思议

玫瑰花和木樨草是宿敌,在一起时玫瑰花会拼命排斥木樨草,木樨草则在凋谢后释放出特殊物质,使玫瑰花中毒而凋谢。

180 为什么有些植物会模仿别的生物的样子？

动物会利用各种手段保护自己，例如，有些动物会把自己的颜色变得与周围环境一样，不让天敌发现；有些动物能依靠身上的毒素让对手望而却步，以保护自己。某些植物也有这种保护自己的本领。一些植物能装扮成动物的牙、刺或动物身体的其他部分，让天敌不敢接近。

这种植物能够生长出一些像动物牙齿一样的假刺，这些假刺看起来像真的一样，可使食草动物对其失去兴趣，从而避免被动物吞食。龙舌兰属有些种类就会"炫耀"它们叶子两侧像牙齿一样的刺，意思是告诉想吃它的动物，"别吃我，我不是好惹的。"

其实这些像真刺一样的东西实际上是软的。研究人员认为，植物以假刺模仿真刺付出的代价较小，由于孕育真正的硬刺需要更多养料，因此这些植物选择这种方式自我保护。与此类似的现象在芦荟和棕榈树一类植物中也能看到。

▼龙舌兰

181 玫瑰为什么长刺?

玫瑰是深受人们喜爱的花朵,每到情人节人们都用它来代表爱情,送给自己的另一半。可是为什么如此漂亮的花朵要在枝条上长满了刺呢?这是因为在大自然中,玫瑰花颜色鲜艳而且可以食用,很多动物都喜欢吃它们,因此玫瑰为了自卫长出了比较硬的刺针,用它来保护自己的叶、花和芽,不让野外的动物或鸟类当成一顿美食把它们吃掉。

不可思议

下午采摘的玫瑰会开放更久。因为经历了白天的阳光照射,植株体内的二氧化碳浓度很低,植株处于中性或者弱碱性。

182 有没有样子很像石头的植物?

生石花是一种乍看像极了卵石的植物,其实它是一种多年生小型多肉植物,原产在非洲南部和西南极度干旱少雨的沙漠砾石地带,为了适应当地严酷的自然环境,这种双子叶植物不得不把自己的叶片进化演变成多肉型的球叶,靠皮层内的贮水组织来维持生存的水分。同时,为了防止沙漠荒原上的各种食草动物的掠食,它也必须通过拟态的手段,让自己尽可能变得更像乱石堆中的一块砾石,以躲过掠食者的袭击。

▲ 生石花

183 蝎子草为什么会"蜇人"?

蝎子草又叫荨麻，台湾地区叫它"咬人猫儿"。它喜欢生活在湿润的山坡上和小溪边，它们的茎秆、叶柄甚至叶脉上都长满了含有剧毒的小刺，虽然从外表上你根本看不出什么危险，但如果不小心碰到了这种植物，那只有自认倒霉了。一旦皮肤接触到毒刺，刺上的毒液就会注入人体，除了剧烈的疼痛，就像被大马蜂蜇过一样难受，而且这种痛觉会持续很长的时间。

▲荨麻

184 有没有开臭花的植物?

鲜花的芬芳令人陶醉，但有种花盛开时却是奇臭无比，这就是俗称"尸臭花"的巨型海芋。它发出的气味就像是腐烂的死鱼或是动物尸体的味儿，令人作呕。

植物学家们认为，尸臭花的臭味对它的生存来说是至关重要。它正是凭借这种臭味吸引以腐肉为食的甲虫和食肉蝇前来为它传粉。

▲尸臭花

185 植物会和动物交朋友吗?

我们常常看到苍耳利用动物把种子带到远方,小鸟把吃掉的种子完整地排泄出来。这都是植物和动物之间的朋友关系,植物和动物之间还有更亲密的关系。

在非洲肯尼亚的热带稀树草原上,有一个闻名的生物共生组合,就是一种常见的金合欢树和好朋友——蚂蚁,它们合作共生。金合欢树的树枝上长满了空心刺,这些空心刺正好给寄居在金合欢树上的蚂蚁提供了居住的场所。蚂蚁在从树上获取它们所需资源的同时,还能够防御共生的金合欢树被大象或其他植食动物吃掉,这种小蚂蚁是无法容忍其他动物触碰它们赖以生存的树木。若有外来者,不管对方是大块头儿还是小不点儿,它们都会不顾一切地发起攻击。如当发现天牛在金合欢树上钻孔的龌龊行径时,就会通过吞食天牛的幼虫将它们消灭殆尽;而当大象或长颈鹿来啃食树叶时,小蚂蚁又会猛蜇它们,令其灼痛难耐。

▲ 非洲草原上的金合欢树与蚂蚁共生

186 梓柯树为什么会灭火?

梓柯树是一种生长在非洲安哥拉地区的树种,高20多米,四季常绿。人们称它为天然的消防树,因为只要有人在树下点火,梓柯树就会立即喷出一种特殊的液体,把火浇灭。它枝繁叶茂,在浓密的树杈间藏有一只只像馒头大的节苞,这种节苞上密布网眼小孔,苞里装满透明的液汁。节苞一旦遇到太阳光或火光照耀,液汁就从网眼小孔里喷射出来。由于液体数量极多,火焰碰上它,就很快熄灭了。

植物卡片

梓柯树
类别:常绿乔木
特点:灭火
相关:梓柯树含有灭火物质四氯化碳是谣言,这种物质只能人工合成。

187 洗衣树为什么能洗净衣服?

洗衣树又叫皂荚树,它的果实皂荚里,含有10%的皂荚苷。皂荚苷还有个名字,叫皂素,这种皂素能形成胶体液并可起沫,能够吸附衣服上的脏东西,具有肥皂和洗衣粉的作用。

此外,皂荚还能防治农业病虫害。把皂荚捣烂滤出原液,配入适当的水进行喷洒,可以有效地杀死棉蚜虫,用来消灭蚊子的幼虫效果也相当好。

▲皂荚

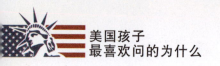

188 漆树为什么会咬人呢?

　　生漆是漆树上分泌的一种乳白色胶状物体。生漆有毒,含有强烈的漆酸,沾在皮肤上,容易引起人的皮肤过敏或中毒,又痛又痒,所以被人误认为"咬人"。

　　在漆树的树干里,有许多小管道,里面充满了内含物,如果把树皮割开以后,就有乳白色的汁液从漆树液道里流出来,流出来的漆液与空气接触后起氧化作用,表面逐渐变为栗褐色,最后变为黑色,同时也变得黏稠起来。漆液里含有一种重要的化合物质叫漆酚。漆酚含量越多,漆就越好。

关于漆树……
　　漆树分泌的漆还有个怪脾气,它只能在湿润的空气中干燥和硬化,干燥的空气和加热都不能,这是漆需要氧化作用的缘故。

◀漆树

189 米树真的能产大米吗？

有一种树叫作西谷椰子，由于它能出"大米"，因此被人们称之为米树。

▲ 西米

米树的树皮内全是淀粉，开花之前，树干内的淀粉最为丰富，达到了一生中淀粉储存量的最高峰。令人奇怪的是，一棵大树中积存了一生的几百千克淀粉，竟在开花后的很短时期内消失得一干二净，枯死后的米树只留下了一根空空的树干。为了及时地收获大自然赐给人类的淀粉，当地居民未等米树开花就把它砍倒，刮取树干内所积累的淀粉。自古以来，米树的淀粉一直是当地土著居民的重要食粮，目前仍有几百万人还依靠米树出产的"大米"来维持生活。

◀ 西谷椰子外貌类似椰子树，是一种棕榈科植物

129

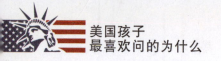
190 为什么笑树会发出"笑声"?

基加利是非洲东部国家卢旺达的首都，在这座城市的植物园里有一种会发出"哈哈"笑声的树。

笑声是树发出来的，当地人称这种树叫笑树。笑树是一种小乔木，能长到七八米高，树干深褐色，叶子椭圆形。每个枝权间长有一个皮果，形状像铃铛。皮果内生有许多小滚珠似的皮蕊，能在果皮里滚动。皮果的壳上长了许多斑点似的小孔，每当微风吹来，皮蕊在里面滚动，就会发出"哈哈"的声响，很像人的笑声。笑树这种会笑的功能，被人们巧妙地利用起来，把它种植在田边，每当鸟儿飞来的时候，听到阵阵笑声，以为是有人来了，不敢降落，从而保护了农作物不受损害。

191 合欢树为什么能招来蝴蝶?

合欢树又称绒花树、芙蓉树，每年春末夏初，它就会开出像蝴蝶一样的花，花很香，引来蝴蝶。它的树叶上分泌的黏液是蝴蝶爱吃的食物。每当合欢花盛开的时候，彩蝶就纷纷飞来，聚集在树上。合欢树不仅花开得美，用途也很大：木材可做家具、枕木；树皮和花可做安神、活血的中药。同时，合欢树由于树形优美，还常常用作绿荫树、行道树，或栽植于庭园水池畔来美化环境。

▲ 合欢树

192 铁树会开花吗?

铁树又叫苏铁,分为雌性和雄性,雄铁树的花是圆柱形的,雌铁树的花是半球状的,很容易辨认,但一株铁树上只开一种花。

铁树是一种热带植物,喜欢温暖潮湿的气候,不耐寒冷。在南方,人们一般把它栽种在庭院里,如果条件适合,树龄达到十年以上,可以每年都开花。如果把它移植到北方的室外种植,气候低温干燥,生长会非常缓慢,开花也就变得比较稀少了。在北方温室中的铁树也是年年开花的。

铁树生长缓慢,从幼苗至开花需十几年甚至几十年,花期可以持续一个月以上。

◀ 苏铁

关于铁树······

铁树的雄花长得非常大,就好像一根玉米芯一样。刚开的时候是鲜亮的黄色,逐渐成熟后会变成褐色。雌花像排球一样大,在初开花时是灰绿色,后来渐渐也变为褐色。

美国孩子
最喜欢问的为什么

193 猴面包树是什么树？

猴面包树是非洲草原上独特的风景，原名"波巴布树"，树高有十几米，但"腰围"却可达 50 米，要几十个人手拉着手才能围它一圈。每当旱季来临，猴面包树为减少水分的蒸发会落光全身的树叶，以适应干旱的环境。一旦雨季来到，它又会依靠松软的木质拼命地吸水。有人曾测算，一棵猴面

关于猴面包树……

传说猴面包树在非洲"安家落户"时，由于不听"上帝"的安排，自己选择了热带草原，愤怒的"上帝"将它连根拔了起来，从此猴面包树就从此变成了一种奇特的"倒栽树"。

包树一次能贮存 450 千克水，就像荒原中的贮水塔。当它吸饱水以后，就能开出大朵的白花，而后结出长指形的果实。这种果实甘甜汁多，是猴子、猩猩、大象等动物最喜欢吃的食物。当它的果实成熟时，猴子就成群结队而来，爬上树去摘果子吃，所以它又有"猴面包树"的称呼。由于猴面包树具有强大的贮水功能，所以又被视作草原上旅行者的"生命树"。

◀ 猴面包树

132

194 旅人蕉为什么被称为"旅行家树"?

旅人蕉的树形非常奇特,它没有枝丫,也没有细叶,在修长而结实的树干顶端,长着翠绿欲滴的阔叶。这些阔叶也不像一般树木那样向四周扩散,它们只是整齐地向两侧伸展,这种树最初生长在茫茫的沙漠上。当商旅和行人在干旱炽热的沙漠中艰难行进时,在这种树下,不但可借浓荫纳凉,小憩片刻,还可用刀在树干上划出一条口子,流出汁液用来解渴。正因为这种特性,它是沙漠旅行者不可缺少的朋友,故被称为"旅行家树"。

◀ 旅人蕉

195 什么树比钢子硬?

木头比钢铁还硬?听起来似乎不可能的。但是,在变幻莫测的自然界中,确实存在这样一种比钢铁还硬的树木。这种树叫作铁桦树,子弹打到这种木头上,就像打在厚钢板上似的,纹丝不动!把铁桦树放到水里,它会像铅似的,立刻沉入水底。由于铁桦木纹理致密,防水性能非常好,所以有些时候它可以做钢材的替代品,用于国防工业。

除了铁桦树,还有很多树木的木材也很坚硬,这样的木材称作硬木。硬木类树种很多,日常生活中很多的家具和起居用品都是用这些硬木做成的,因为它们具有性能好、寿命长等特点。

196 卷柏真的能死而复生吗？

在天气干旱的时候，卷柏会通过蜷缩和枯萎来保护住体内的最后一点儿水分不被蒸发掉。这样，大旱时候就可以维持自己的生命了，到降雨水，空气湿润的时候，那些蜷缩着的小"拳头"就慢慢舒展开，似乎是"死"而复生了。现在你一定明白了卷柏为什么又叫作"九死还魂草"了。

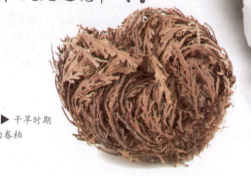

▶干旱时期
的卷柏

不可思议

有人做过实验，把卷柏压制成标本，过好几年，把它拿出来浸在水中培养，只要温度合适，卷柏还能生长。

197 珙桐为什么又叫"鸽子树"？

珙桐树花形似鸽子展翅。珙桐的花紫红色，由多数雄花与一朵两性花组成顶生的头状花序，宛如一个长着"眼睛"和"嘴巴"的鸽子脑袋，花序基部两片大而洁白的总苞，则像是白鸽的一对翅膀，绿黄色的柱头像鸽子的喙。当珙桐花开时，张张白色的总苞在绿叶中浮动，犹如千万只白鸽栖息在树梢枝头，振翅欲飞，并有象征和平的含义。因此称为"鸽子树"。

▲珙桐树的花

198 为什么金花茶被称为"茶族皇后"?

全世界约有几千种茶花品种,它们花色艳丽,却没有黄色的茶花,因此寻找到开黄花的山茶,曾经成为中外园艺家的美好愿望。20世纪60年代,我国植物学者终于在广西南宁的坛洛乡发现了山茶花的稀

▲ 金花茶

世珍品——黄色花的金花茶,为我国特有品种。金花茶的发现轰动了世界园艺学界,认为它是培育金黄色山茶花品种的优良原始树种,具有很高的观赏、科研和开发利用价值,被冠以"茶族皇后"的美称。

199 银杏树为什么是最古老的树种之一?

银杏树是裸子植物的代表,早在2.7亿年的石炭纪就生活在地球上了,但和它同纲的植物都已灭绝,只有银杏树仅在中国地域保留下来。所以人们称银杏树为"金色的活化石",中国也因此成为银杏树的故乡。银杏树生长的速度非常慢,爷爷栽下的树,直到孙子那一辈才能吃到果实,所以又叫"公孙树"。

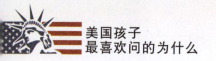

200 漂亮的圣诞树是什么树?

出于环保的考虑,现在圣诞节越来越多使用仿真的圣诞树作为圣诞装饰,而真正的圣诞树好像也随之被人们淡忘,真正的圣诞树是什么树呢?

最早的圣诞树出现在德国,随后在奥地利、瑞士、荷兰等国很快地流行开来,变为一种深厚的传统文化。最原始的圣诞树是用冷杉,发展到现代,松树、云杉等多种常青树也已成为圣诞树的首选了。

▲ 圣诞树

201 松树为什么要"流泪"?

在松树那壮实的树干、根和松针里,有许多细小的管道,这些管道连接起来,就成了松树身上无所不在的大网络。组成这个大网络的细胞都有一个本事——制造松脂,而且还能把生产出来的松脂运到管道里,把它们贮藏好。

每当松树受到伤害时,松脂从管道里迅速来到伤口处,把伤口封闭住,不许有害物质侵犯进来。

▲ 松脂

猜猜看:被压入地下的松脂会变成什么?

202 为什么看不见松树开花?

松树一年四季都是绿色的,为什么看不见松树开花呢?

其实,每一种松树都开花,只是松树开花很小,没有花瓣,又不香,所以不容易被人注意罢了。如果我们平时仔细观察就会发现,在新枝的基部长着许多淡黄色小球似的花,用手轻轻一动就会飘散出许多黄色烟雾似的花粉。

松树的花分雄球花和雌球花两种。雄球花长得像小球,雌球花长得像手指。雌

▲ 松花

球花授粉后就能长成小小的球果,到第二年春天继续生长。等到人们注意到它时,它们已经长成核桃大小的松球了,松球上有松子。我们小朋友平时吃的松子就是松树结的。松子掉出来,剩下松塔,还可做成精巧的工艺品。

▲ 松塔

关于松树……

松树是非常好的木材来源,如中国东北的"木材之王"红松、北美西部广为分布的高大树西黄松、美国加州沿海生长速度最快的辐射松、美国东南部的湿地松、美洲加勒比海地区原产的加勒比松,广布于欧亚大陆西部和北部的欧洲赤松等等。

▶白桦树

203 为什么白桦树身上长有横纹?

桦树家族的成员有150多种,白桦是其中之一。仔细观察会发现,白桦树皮上有一道道的横纹,这些横纹是成排的呼吸气孔,也叫皮孔。通过这些皮孔,桦树就可以畅快地呼吸了。桦树生长一段时间就会自然脱落一层薄皮,这样一方面把灰尘带走了,另一方面它还能够顺畅地呼吸。

此外,白桦的树皮一边光滑,另一边却是疙疙瘩瘩,高低不平,这是由于光照不同而造成的。生长在北方的白桦树,光滑的一面是南面,而疙瘩的一面则是指向北方。如果不慎在野外迷了路,白桦会是一位很好的向导。白桦树的树皮有很多用途,可提桦油。

植物卡片

白桦
类别:落叶乔木
特点:树身笔直、先开花后长叶
花语:生与死的考验
标志:俄罗斯的国树

138

204 世界上五大庭园树木是指哪些树?

世界五大庭园树木分别是金钱松、雪松、巨杉、金松和南洋杉。金钱松是我国的特产树种,它的叶片扁平柔软,秋后变成金黄色,圆如铜钱,因此而得名。

金松原产于日本,是非常名贵的观赏树种,许多庭院里都有种植,此外还是很好的防火树。

雪松的故乡在印度喜马拉雅山的西北和阿富汗一带,所以又叫喜马拉雅松。因木材有香气,也叫"香柏"。

巨杉是植物界的巨人, 最高可以达到140多米,直径达10多米。

金松又名伞松,是现存的孑遗植物之一。

南洋杉是一种常绿乔木,喜欢生长在空气湿润、土质肥沃的地方,在山谷中生长发育是最佳的。

▶ 南洋杉

▶ 巨杉

205 为什么木棉树被称为英雄树?

木棉树是亚热带地区生长的一种落叶树，它喜欢干热的环境，一般散生在林边路旁或溪边的低洼地上。

木棉树干挺拔，树身有30多米高，它们总是使劲往上长，不被其他树木所遮掩。木棉树是先开花后长叶，每年的3月到4月，枝条上都会攀满红艳艳的花，花朵的形状像茶杯一样，仅一棵树上就有几百朵，远远看去，就像点燃了无数把火炬一样，格外美丽。木棉树长得伟岸挺拔，木棉花又鲜红耀眼，表现出英雄豪迈的气概，因此，人们又把木棉树称为英雄树。

植物卡片

木棉

类别：落叶乔木
特点：树形高大、花红如血
标志：广州市的市花
相关：木棉花蕊是很好的纺织材料

▼ 木棉树

206 法国梧桐为什么是行道树之王?

行道树是专指种在道路两旁及分车带,给车辆和行人遮荫并构成街景的树种,有补充城市氧气、净化空气、美化城市、减少噪音、为行人遮荫的功能。其中法国梧桐被大家称为行道树之王。

▲法国梧桐

法国梧桐又叫悬铃木,由于它能适应各种土壤条件,耐干旱瘠薄,又耐水湿,适合城市条件下栽植利用,因而成为举世公认的优美行道树和庭荫树。法国梧桐在世界各地备受欢迎,久享行道树之王的美名。

盛夏酷暑,法国梧桐浓郁的树冠就像遮阳伞一般挡住了骄阳,蒸发水汽,降温祛暑,使环境变得阴凉雅静,减少行人的炎热之苦。法国梧桐不仅是优良的行道树,同时也是净化空气、阻隔噪音的理想树种。它的叶子较大,背面多毛,可以阻滞粉尘和噪声,对于二氧化硫等有害气体也有较强的吸收能力。

207 天然橡胶从哪儿来?

现在,我们的生活中有许多橡胶制品,它们其中一部分的原料就是天然橡胶,另一部分则是人工合成的合成橡胶。天然橡胶来自橡胶树,它分泌的乳胶是重要的工业原料。在所有的产胶植物中,橡胶树的产量是最高的,质量也是最好的。现在世界上所用的天然橡胶大都来自橡胶树。不过提取橡胶是一种对管理技术要求很高的工作,不但栽培管理严格,而且在割胶的时候也有严格的操作规定。

关于割胶······

割胶的时间一定要选择早晨。橡胶树经过一晚上的休整,蒸腾作用处于最低状态,体内水分饱满,细胞的膨压作用是一天中最大的,因此,清晨割胶产量最高。而随着光合作用开始,蒸腾作用逐步增强,割胶的产量也降低了。

▲ 割胶

▲ 枫树

208 为什么说枫树是加拿大的国树?

北美洲国家加拿大有"枫叶之国"的美誉。

在加拿大共有近百种枫树,其中最有名的莫过于糖槭树,糖槭树只生长在北美洲的中部和东北部,加拿大得天独厚的地理位置,使得各式各样的枫糖浆产品成为加拿大独特的旅游纪念品。每年3月间,是加拿大一年一度的"枫糖节",全国数千个枫林里都张灯结彩,喜气洋洋。

加拿大人对枫叶感情深厚,他们把枫树定为了自己国家的国树。加拿大的国旗又被称为"枫叶旗",白色的国旗背景中央绘有一片11个角的红色枫叶。此外加拿大国徽也是三片红枫的盾形纹章。从这些我们不难看出加拿大人对枫树的喜爱。

209 为什么说桉树是大自然赐给澳大利亚的礼物？

▲ 桉树也是考拉最喜欢的食物

桉树是大自然赠予澳大利亚最珍贵的礼物。

澳大利亚自然环境恶劣，为了生存，桉树在长期的进化过程中形成了许多独特的生长特点：为了避开灼热的阳光，减少水分蒸发，桉树的叶子都是下垂并侧面向阳；为了对付频繁发生的森林火灾，桉树的营养输送管道都深藏在木质层的深处，种子也包在厚厚的木质外壳里，一场大火过后，只要树干的木心没有被烧干，雨季一到，桉树又会生机勃勃。此外，桉树种子不仅不怕火，而且还能借助大火把它的木质外壳烤裂，便于生根发芽。

当地土著人还把桉树当储水罐，有一种桉树的树干是空的，不少树干里面充盈了可以饮用的水。更有趣的是，一些桉树的叶子含桉树脑，不仅是制药的重要材料，还能作为添加剂做成水果糖。

植物卡片

桉树

别称：荼树，尤加利树等

原产地：澳洲大陆

特点：叶子中存在微量黄金

树冠形状：尖塔形、多枝形或垂枝形

210 森林里的树为什么都长得那么高呢?

植物的生长需要光合作用,光合作用的发生需要有足够的空气。在森林里,树木非常多,空间非常拥挤,不是每棵树都可以充分地沐浴阳光。为了得到阳光,树木就会拼命地往上长,你争我抢的,最后树木都变得又高又直了。

211 树木怎样度过寒冷的冬天?

为了适应周围环境的变化,树木每年都用"沉睡"的方法来对付冬季的严寒。

冬天树木"睡"得越深,就越忍得住低温,抗冻力越强;像终年生长而不休眠的柠檬树,抗冻力就弱,像南方那样的温暖冬天也没有办法安然度过。

松树、柏树这类树则是终年常绿,即使在冬天也能顽强地生长。因为它们生活的环境多是严寒的高山或是寒冷的北方,早已经习惯了冬天的低温严寒。

▲ 松树针状的树叶表面气孔陷得很深,又有像蜡的东西,减少水分的消耗。这些都有助于它抵抗寒冷的气候

212 树干为什么是圆的?

树干是在进化中不断趋近于圆的。

在周长相同的情况下,圆形比其他图形的面积都大。所以,圆形树干中导管、细胞等的数量可以达到最大值,树干输送的水分和养料的能力也最大。

此外,圆柱形的体积比其他柱体的体积要大,树干的承受力也就达到了最大值。即使当秋天树木的枝头结满果实,树干仍然能强有力地支撑着树冠,而不会变得弯曲。

最有趣的是,在相同体积下,圆柱的表面积却是最小的,这样茎与空气的接触面就最少,水分的蒸发量也能控制在最小的程度。

◀ 树干长成圆柱形是植物长期进化的结果

不可思议

有些树木中间已经空心,可是仍然勃勃生机,就是因为边缘存在的韧皮部,能够输送养料的缘故。

213 为什么树皮不能剥？

俗话说："人怕伤心，树怕剥皮。"树皮被大面积剥掉以后，往往会导致整棵树木的死亡。

树皮生于树干的外部，它像盔甲一样保护着树干。将树干横断开，用肉眼可以分出里面大部是木质部分，称为木质部。木质部以外就是人们所说的树皮。

树皮的最里面具有分裂能力的细胞，叫形成层，用肉眼分不清楚。形成层外面是具有运输有机物能

▲ 树皮不仅有防寒防暑防止病虫侵害作用，它还有运送养料的任务

力的组织，叫韧皮部。它将树叶制造的有机物，运往树枝、树干和根部。树皮被剥掉后，等于切断树木的运输线，时间一长，根系原来贮藏的养料消耗完毕，根部就会慢慢饿死。地上部分的枝叶得不到充足的水、肥，光合作用、呼吸作用被破坏，最后整株植物便会死亡。

214 为什么要在春天和秋天植树？

春天是最好的植树季节，这时候树木开始解除休眠，进入一年中生长最旺盛的阶段。选择树木即将萌发的时候栽种，有利于树木成活并迅速生长。

秋天也是一个植树的好季节，这时树木的生机活动迟缓了，移植时，即使根和枝受点损伤，也不会影响它的内部平衡，等到春天来临，树木就跟春天移植一样，很快就能恢复生长。

冬天时温度很低，树木都处于休眠状态，自然不适合栽种。

但是夏天树木生长旺盛，为什么也不适宜栽种呢？因为一棵枝叶繁茂的树，生机旺盛，以致片刻也不能停止从根部吸收水分和养料。一经移动，在对新土壤还没有适应以前，叶片大量蒸腾的水分，已经足够让它干枯了。

◀ 栽树的最佳时节在一年的 3 月末或 4 月初

215 墙上的小草是谁种的?

墙上的小草并不是人们种的,而是风、小猫、小鸟帮助种下的。头一年秋天,小草的籽儿成熟了,让风一吹,轻轻的草籽儿就被刮落在墙头上;有时候,小猫路过草地,身上也能带着一些草籽儿,小猫爬到墙头上玩,把草籽儿带到墙上;还有的时候,小鸟把吃的草籽儿又排泄了出来,正好落在墙头上。这些落在墙头上的草籽儿,到第二年春天就会长出小草。

▲ 在墙缝中生长的小草

216 为什么要保护植物?

植物是环境的保护者,它对大气、水域、土壤都有无可替代的净化作用。比如植物通过叶片来吸收大气中的有害物质;植物为一切生物生产着氧气,对地球的物种生存和进化功不可没。植物还是最根本的生产者,在生物链中的作用非同一般。

和谐的自然界是一个完整的生物链,缺少任一环节都会造成可怕的后果。如果没有了植物,人类也将无法生存,所以我们不仅要保护植物,还要维持各种植物之间的生态平衡,以及人与自然间的生态平衡。

不可思议
生物链缺一不可。假如蜜蜂灭绝了,大部分依靠授粉的植物就会灭绝,依靠植物的生物们也不能幸免,包括人类在内。

美国孩子
最喜欢问的为什么

关于**植物**的
有趣问题